美《うまし》し国《くに》への景観読本

みんなちがって、みんないい

NPO法人
美し国づくり協会
編著

序・災後の風景づくり
美《うま》し国　みんなちがって、みんないい

NPO法人美し国づくり協会理事長
東京農業大学名誉教授・前学長　進士　五十八

近代以降の東洋の知識人は、何事につけ西洋秩序を理想と考えてきたようだ。あらゆる科学技術を、西洋に学んできたのだから無理もない。

和魂洋才、中体西用、東道西器など、西洋との出会いの当初は〝東洋の矜持〟を意識していたものの、〝統一原理〟〝市場原理〟が、政治経済、社会生活、教育福祉などあらゆる分野に入り込み、すっかり〝洋魂洋才〟に陥ってしまった。

元来、東アジアの自然風土、生物気候などに支配されてきた環境、社会、文化を、具体的には都市や農村の姿や生活のあり方までを、すっかり西洋にしてしまった。

現代都市文明の表出であるインフラストラクチャー、その具体像である景観にもそのことがよく出ている。工業製品の大量生産でプレファブリケーションがすすみ、衣食住の工業化、外部化で、結局日本中の風景が人工化し、画一化してしまった。

それでも、地《じ》であり、背景である大地の地形や植生には〝風土性〟が残り、村落のたたずまいに〝地方性〟が残っている場面も少なくはない。そんな場合でも現代日本人の西洋優位の価値観が、行政マンの判断として、また企業トップの判断として、いわゆる〝近代化〟とか〝グローバル化〟に沿うべく〝工業化・画一化による統一〟に向け努力しようとしてしまう。

それが、残念なことに元来その地域の土地・自然を基調とすべき「ランドスケープ（landscape 景観）」に関心の高い知識人においても、ごく普通の常識となってしまっている。

景観工学、景観デザインの専門書の多くが、なぜかイギリスやフランスの都市、ドイツの農村、イタリアの広場を好ましいモデルとして、あるいは先進事例として写真を載せていることに、誰も疑問をはさまないのは不思議である。

たくさんの地方自治体が、２００４年成立の「景観法」以来、精力的に景観行政に取り組むようになった。このこと自体、歓迎すべき点であるが、相変わらず色彩基準、看板撤去、電線の地下埋設を叫ぶ定形的景観問題認識が横溢しているのも私にとっては不思議なことである。

色も看板も電線の地下埋設も、落ちついた景観や乱雑な景観の改良につながることはまちがいない。しかし、どこもかしこもこの三拍子で地域らしさや魅力が醸し出されるものだろうか。高さや形の建築指導行政の延長では、極端な景観破壊行為を抑制したり、とりあえず無難なまちづくりは可能だろうが、住民にとってこの地こそわが町と誇れる——プライド・オブ・プレイスともなり、来訪者にとって印象深くまた訪ねたくなるような町ともなるような〝個性と魅力あるまちづくり〟にはつながらないだろう。

人類の祖先たちは、それぞれの自然風土の下で独自の生存環境を整備し、その究極の理想像を描き出した。旧約聖書のエデンの園、古代ギリシャのアルカディア、仏典の極楽浄土、中国陶淵明えがくところの桃源郷、イスラム教コーランに描写されるパラダイスなど、それぞれの民族や宗教が構想した理想世界である。

ここで重要なのは、これら理想像には共通性、さらに言えば普遍性が見出せるということ、と同時にそれぞれの理想像には自然風土、材料、技術などと民族や宗教の相違、さらに言えば独自の景観性など個別性が見出せるということである。

たとえば、水と緑と生き物の豊かさと安らぎがある〝生きられる環境〟であることは普遍的であるが、一方で水の風景が湧泉と池泉のように動と静で異なり、花の風景も白百合と蓮のように西洋と東洋で個別的である。

うがった見方をすれば、近代以後、何事も〝科学的であること〟ということは〝普遍的であること〟が究極の正義であるかのような、いわば〝一神教的な価値観〟が、全世界を席巻し、このことを〝グローバリズム〟と呼び地球社会の必然のような潮流ができてしまったように思える。本来的には、一神教も多神教も、それぞれの国と民族、宗教的風土の相違からの必然であって、一方が正義であり優位でなければならないというものではない。正に〝共生すべきもの〟のはずである。

近代建築、国際建築への戦後の潮流は、鉄とアルミニウムとコンクリートの超高層ビルを世界中の大都市に建設し、その結果、世界の都市景観も画一化していった。

こうした「建築における近代主義が、場所性を無視したものであったのに対して、近代主義の見直しとともに〝場所の固有性〟が叫ばれる」ようになる。それが都市史研究者などによって多用されるようになった〝バナキュラー（vernacular）〟という言葉である。

同様の考え方は、造園界でも示されている。東京オリンピックの1964年、東洋で初めて第9回ＩＦＬＡ（International Federation of Landscape Architects 国際造園家連盟）大会が開かれたときのことである。ＩＦＬＡ日本大会実行委員会編で『日本の造園（Landscape Architecture in Japan）』（誠文堂新光社、1964・5）を刊行。本の構成はシンプルに、1章日本の風土、2章先代の造園、3章現代の造園、4章課題となっていて、2、3章はともに〝作品化されない造園（anonymous works アノニマス）〟と〝作品化された造園（onymous works オニマス）〟という言い方で解説されている。その主旨を編集主筆の横山光雄教授はおよそ次のように述べている。

アノニマスとオニマスの2分類で述べる試みは野心的である。日本の造園というと伝統的な日本庭園の紹介に終始する従来からの脱却、国土的スケールで人間と自然の関係を計画する行為を含め考えなければならない時代、特に〝造園における地域性〟に関する問題は、造園そのものの特性からみて、建築における地域性問題以上に重要な課題であることを意識しなければならない。

要するに、土地自然を基調とするランドスケープ・景観を考えるに際しては、バナキュラー（場所の固有性）やアノニマス（無名性、匿名性）は、極めて大切な概念だということである。さらにはスポンテネウス（自然派生的）やルーラル（田園的）、風土的なども同系統の考え方で留意したい。

ある地方、ある場所の風景は、どのように成立しているか。私は「風景の解剖」を考える。地中の〝地質〟、地表の〝地形〟、その上にひろがる〝植生〟や〝生き物〟、大地を刻んで流れる〝水系〟、またそれが目に映る〝水景〟、そうした自然を利用して生産と生活をくりひろげる人間活動の空間的展開が総合された〝地理〟、時間的展開である〝歴史〟、その土地固有の作用や作法である〝文化〟、さらには気象気候などに解剖できる。これからわかるのは、少なくともこの地上に同じ地形地質、同じ土地利用、同じ歴史文化の土地が二つあることは絶対にない、ということである。

景観に、同じものは二つない。その国、その地方、その土地、その場所固有のもの。もっと言えば、その日、その時間に固有のものでさえある。

日本は日本である。『日本書紀』は神話ではあろうが、一、二紹介する。

天地開闢《てんちかいびゃく》：国がまだ若かったとき、国の中にある物が生まれた。形は葦の芽が突き出したようであった。これから生まれた神があった。可美葦牙彦舅尊《うましあしかびひこじのみこと》という。次に国常立尊《くにのとこたちのみこと》。その次に国狭槌尊《くにのさつちのみこと》。葉木国——これをハコクニという。可美——これをウマシという。

国生《くにう》み：伊奘諾尊《いざなぎのみこと》、伊奘冉尊《いざなみのみこと》の二柱の神が、夫婦の行為を行って国土を生もうとされた。子が生まれるときに、まず第一番に生まれたのが淡路洲《あわじしま》。不満足な出来であったから（吾恥島《あはじ》）という。それから大日本豊秋津洲《おおやまととよあきつしま》（大和）を生んだ。次に伊予《いよ》の二名洲《ふたなのしま》（四国）を生んだ。次に筑紫洲《つくしのしま》（九州）を生んだ。次に億岐洲《おきのしま》と佐度洲《さどのしま》とを双子に生んだ。次に越洲《こしのしま》（北陸道）を生んだ。次に大洲《おおしま》（周防の大島か）を生んだ。次に吉備子洲《きびのこしま》（備前の児島半島）を生んだ。これによって大八洲国《おおやしまのくに》の名ができた。以上、なかなか面白い。日本は〝可美〟、〝美《うま》し国〟であった。大八洲の誕生も、人間的である。最初の淡路洲は、不満足な出来だったので吾恥島としたというし、双子もあるし、実にランダムで個性的、最初からマスタープランがあって統一的に国造りができたとはしていない。六十余洲とも、三百諸侯とも言った。日本も、実に多様であった。それが国の成り立ちであり、それぞれの土地の個性と魅力をつくってきた。

統一原理と人工的工業製品で日本の国土を埋め尽くし、画一的景観を招来したのは、この半世紀の日本の歩みでしかない。日本の大地にも、日本の地方地方にも、〝地域性という個性〟はしっかり潜在している。

その潜在力は、私の言い方だとＬＭＮ法で景観資源に顕在化できる。Ｌ：Light up（ライトアップ、光を当てて発見する）、Ｍ：Mean it（ミーンイット、意味づけをする）、Ｎ：Name it（ネームイット、名前をつけて知らしめる）。まち歩き、タウンウォッチング、ランドスケープ・ウォッチング、考現学、路上観察学、また〝わが町の百景〟選びなど、これまで私がすすめてきたのは、このためであった。

地域を身体ごと体験する。歩き、食べ、眺める。当然、その奥が知りたくなる。そこで自然、歴史、文化、人間を学ぶ。その間、たくさんの仲間もできる。わが町を、ほんとうのふるさとだと納得できるようになる。これこそがまちづくりというものである。

おわりに、詩を詠んでみよう。

私が両手をひろげても、
お空はちつとも飛べないが、
飛べる小鳥は私のやうに、
地面（ヂベタ）を速くは走れない。

私がからだをゆすつても、
きれいな音は出ないけど、
あの鳴る鈴は私のやうに

たくさんな唄は知らないよ。

鈴と、小鳥と、それから私、
みんなちがって、みんないい。

夭折の詩人、金子みすゞの有名な詩「わたしと小鳥と鈴と」である。
人間としての私、生物としての小鳥、モノとしての鈴を、まったく同列に等価に比較する。これはどうみても「草木国土悉有《しつう》仏性」の仏教思想であって、西洋合理主義の価値観ではない。それぞれに良さ、個性があって、「みんなちがって、みんないい」と〝多様性の大切さ〟を十二分に説得してくれる。

どちらが良いか、勝ちか負けか、白か黒かの二者択一を迫る西洋的思考の対極。すべてを認める包容力、あらゆるものの価値を肯定する〝感性〟の重要性を、金子みすゞは教えてくれる。

3・11の大津波の映像に、文明のあり方を反省させられぬ人は、いないだろう。

これからは、何か一つ、これが最高、最適、最良の方法というものがあると考えるのは危ない、ということを福島第一原発事故は教えてくれた。

金子みすゞの〝多様性の思想〟をかみしめて、いろいろ考え、いろいろな生き方、いろいろなまちづくりを考えよう。

私は当面、三つの多様性が重要と考えてきた。第一が自然的環境の持続性のために「生物多様性（Bio Diversity）」。第二が人間の社会的環境の持続性のための「生活多様性（Lifestyle Diversity）」。多言語、多文化、生き方の多様性のことである。第三が文化的環境の持続性のための「景観多様性（Landscape Diversity）」である。

どこの国、どこの地方、どこの都市、どこの村も、どの家、どの庭、どのくらしも、「みんなちがって、みんないい」。そんな考え方で、専門家も行政マンも仕事をし、そして風景を見たり創ったりする市民がふえてくれるといいと思う。ランドスケープ・ダイバーシティが、きっと日本を、そして日本各地の景観を魅力的にし、それぞれの町や村を元気にしてくれることだろう。

２０１２年５月

目次

〈対談〉

景観まちづくりへの基本的視点と今後の取り組み方向を考える

――江戸川区での新しい観点

〈対談〉景観まちづくりへの基本的視点と今後の取り組み方向を考える
――江戸川区での新しい観点

東京都江戸川区長　多田　正見
NPO法人美し国づくり協会理事長
東京農業大学名誉教授・前学長　進士　五十八

特定非営利活動法人美し国づくり協会では、本書『美《うま》し国への景観読本』の発刊にあたり、「良好な景観づくりの基本的視点と今後の取組みの方向を考える――江戸川区での新しい観点」をテーマに多田正見江戸川区長と進士五十八理事長との対談を企画し、東京都江戸川区における最先端の取り組みを紹介することとしました。

この対談を通じて、景観行政の歴史的経緯、良好な景観づくりの基本的視点、特別の景観資源がない普通の都市の今後の取り組みの方向などを概説しています。全国の景観づくりに携わる行政担当者、市民などの関係者の方々が実際の景観づくりにあたり、参考として活用することを期待しています。

景観との関わりを振り返る

「景観政策」と土木、建築、造園

進士　もとの私の研究室は「景観政策学研究室」といったのですが、これは日本で唯一つというか、他にない。景観というとデザインになってしまって、色彩とか形態を取り扱うと思われるけれども、景観は総合的なものなので、政策がしっかりしていなければならないということからです。

土木では「景観工学」、建築では「景観デザイン」という言い方をしていますが、造園学は「ランドスケープ・アーキテクチャー」ですから、「景観建築学」です。ですから、造園学が景観研究の本家でなければならないと思っています。

私は40年前の助手の頃から、自然風景の中の建物デザインのあり方をむしろ規制する側で、軽井沢とか箱根に似合う建物はどういう大きさにしたらいいかとか、屋根はこういう形態がいい、色彩はこうして、看板はこのくらいにしてなどという調査研究をやってきたわけです。ですから、建築関係の方々から見れば、規制する側からの発想で審査指針に取り組んできたわけです。これはナショナル・パークでは自然風景が基本で、それに似合う建物でなければいけないという考えに立ったからです。まちの中になると、そこが逆転して、都市には緑はほとんどなくて建物だらけになってしまった。

正しくは「都市の中の公園から緑の中の都市へ」。要するに、緑は都市の一部にあるのではなくて、まち全体が緑につつまれていなければ、ほんとうのまちではないということです。

「景観」との出会い

進士　私と「景観」の出会いは学生時代です。50年前は「景観」なんて普通には使われていなかった。東京農大の1905年（明治38年）卒の井下清先生という方が、東京都文化財総合調査団の副団長をされ、併せて「景観班」を率いておられた。東京市の公園行政を確立された大先生です。私はアルバイト運転手をやって、井下先生を荒川流域から奥多摩まで東京中にお連れした。そのとき「景観」の意味を知りました。

当時、大学の授業でも「景観」という言葉は聞かれなかった。「造園」とか「緑化」はよく聞くけど、「景観」という言葉はあまり使われなかった。だけど井下先生は「景観」という言葉を使っていた。不思議な縁だと思いますが、大学の1年か2年の頃（1965年頃）でした。

自然公園の景観、文化行政での景観

進士　研究室に残って何年かした1972年（昭和47年）、出来たばかりの環境庁から、「建築と風景の調和技術」という環境庁の研究委託をやる。自然公園での「景観計測研究」です。

もう一つ全く別に、１９７０年代後半に神奈川県知事の長洲一二さんが言いだした「文化行政」が盛んになってきました。そのような中で、私はたまたま神奈川県の文化懇談会の委員になって、ナショナル・トラストの木原啓吉さんとか、いろいろな領域の方々と幅広いお付き合いが始まりました。まだ講師の頃ですが、美しい公共空間はどうすればできるかということで、ずいぶん原稿も書き、本も出版しました。

その頃までは、美しいとか文化的などということは行政がタッチすることではない、と行政関係者は思っていたのです。シビルミニマム行政だから、最小限のことをやるのが公共であって、「美」とか「文化」とか、そんな贅沢なことをやるなんて行政の仕事じゃない、と。それが「文化行政」によって変わりはじめる。フランスの例を引いて、公共事業をやるときは文化の10パーセントシステムとか3パーセントシステムといって、建物をつくるなら必ず美しい彫刻を置こうとか、これは戦後、生活が苦しくなったフランスで芸術家を救済しようという施策でした。公共事業を実施するごとに一定割合の芸術作品が付加していくようにしようというのが「文化行政」です。そのような流れの中で、自然と文化の調和した社会をつくろうとか、公共空間も美しくしようという議論をして、神奈川文化懇談会として、昭和56年（１９８１年）には神奈川県の長洲知事に対して「かながわ風景」という提案書を出しました。

『景観行政のすすめ』を発刊

進士 そのころはまだ「景観」の「け」の字も出ていない時代でした。大阪市住宅供給公社の竹村保治理事長が、㈶日本都市センターで「都市景観研究会」をつくろうと言って、1984年（昭和59年）に設立、私はその責任者を頼まれて、1987年（昭和62年）7月に日本初の『景観行政のすすめ』という本を日本都市センターで出版しました。本の表紙の写真は三菱開東閣といいまして、今も東京の港区高輪に保存されています。1877年（明治10年）に明治政府のお雇い外国人として来日した英国出身の建築家のジョサイア・コンドルの設計です。この本で景観行政の枠組みをつくることができました。表表紙は美しい開東閣、裏表紙には隣地にマンションができて景観破壊になっている。ビフォー・アンド・アフターで、景観行政の大切さをアピールしようとしたわけです。

その頃は景観行政なんてほとんどなかった。日本の景観行政は、戦前には「都市美行政」としてあるけれども、戦後、景観行政は法律的になじまないと言われていて、私がある件で「郷土景観条例」をつくろうと提案したら、反対されました。県文書課から、「景観」は主観的な判断が入るので法律になじまないと言われ、「ふるさとの緑を守る条例」というふうに取り替えさせられたという経緯です。

都市美から景観法への道のり

ます。

観光地の風景づくり

進士　なぜ今、江戸川区を景観行政の最先端だと私が言うのか、そこへの入り口を説明したいと思います。

戦後の景観行政は、「宮崎県沿道修景美化条例」に始まります。だけど、これは県の役人の発想ではない。宮崎を観光立県に育てた岩切章太郎という宮崎交通の社長の思想です。宮崎交通のバスが通る道筋を全部花でいっぱいにして、新婚旅行の観光客を誘致したわけです。この頃、飛行機に乗るとほとんど新婚カップルで、お嫁さんはつばの広い白い帽子をかぶり、白い洋服を着ていました。新婚旅行にふさわしい、清潔感あふれる美しい風景にして観光客をお迎えしよう。そういうホスピタリティから沿道をきれいにする条例が1969年（昭和44年）にできたのです。その後も、京都市とか神戸市が条例を制定するわけです。いずれも観光地らしい風景を守り育てようというねらいです。

景観行政の前身、都市美への取り組み

進士　1980年代に入って、やっと一般住民の住む平凡なまちでも景観を考えようということになる。これが先ほど触れた「文化行政」と連動しているのです。住んでいるまちを本当に自分のまちだ

と実感するにはどうしたらいいかといったときに、美しい景観も一つ大事な要素だと考えたわけです。「景観」と言わず、「都市美」と言ったのです。

もともとは、シカゴ万博（1893年）以来、アメリカ合衆国でまちを美しくしましょうという「シティ・ビューティフル・ムーブメント」というのがあったわけです。きっかけは、シカゴ万博をやるときに世界からやってくるお客をもてなすのにまちが汚すぎてはまずいよ、と始まった運動です。日本では、1923年（大正12年）発生の関東大震災の復興に際し、それをモデルに、東京も「シティ・ビューティフル・ムーブメント」を始めた。東京都市美協会は橡内《とちない》という新聞記者が最初の提案者で、建築や造園技師がリードして動き出します。

その中の重要人物が井下清先生ですよ。都市美運動の第一歩は緑化だと考えて、東京市公園課は日比谷公園で大々的に「樹植祭」をやる。その後、「建築祭」「道路祭」も開きました。そうした名残もあったのか、私もメンバーだった「都市美委員会」が世田谷とか東京都で取り組まれました。東京都も最初、芦原義信先生で「都市懇談会」、次の年から私たちの「都市美対策専門委員会」を続けた。東京都が「景観条例」を制定するのは1997年（平成9年）です。それまでは生活文化局が都市美行政を担当して取り組んできた。現在は景観計画をはじめ景観条例の担当部局は都市計画局ですが、それ以前は生活文化局が文化行政の視点で取り組んでいたわけです。

こうして次第に普通の都市が住民のために景観行政が必要だという、それまでの諸施策の総合化、今ふうに言えば、見える化が景観まちづくりだと認識するに至った。

全国各地で景観条例

進士　その次、これが農村地帯に及んでいくのです。1980年代に大都市が景観行政入り、1990年代には農村部も取り組むようになる。群馬県の新治村とか、北海道ラベンダーの美瑛町が取り組む。1980年代には都道府県レベルでも条例の制定が進むようになった。比較的早かったのが滋賀県で、1984年（昭和59年）に「ふるさと滋賀の風景を守り育てる条例（風景条例）」を制定した。こうやって景観条例が600近い自治体で制定された。

このような動きを踏まえつつ、国策としての観光立国のためにも、国は「景観・緑三法」を2004年（平成16年）制定します。その後、国土交通省は公園緑地課の名称に「景観」を加え、公園緑地・景観課が主管課となったわけです。景観は全体として一つであるということで、二重行政を避けるため、景観行政団体制度が創設され、江戸川区もこれまでに景観計画を策定して、東京都から2011年（平成23年）1月に景観行政団体として認められたのです。

「景観法」誕生の背景に国土づくりへ自責の念

「美し国づくり」に向けた政策転換が始動

事務局　私どもNPO法人美し国づくり協会の青山俊樹顧問が国土交通省の事務次官のときに、「美しい国づくり政策大綱」（2003年（平成15年）7月）をつくりましたが、その冒頭に「今まで一生懸命、社会資本整備をしてきたけれども、それで本当に我が国が美しいものになったのかどうか」という自責の念が書かれていまして、何とか美しい国づくりに向けた政策を進めていくべきではないかという話になりました。

また当時、500ほどの地方公共団体で実質的な条例を制定して景観行政に取り組んでいたのですが、どうしても最後の段階で強制力がないと本格的な景観行政ができないという要望が非常に強かったという流れもありました。

もう一つは、2003年（平成15年）に「観光基本法」ができ、「観光立国行動計画」ができて、この中でも「景観」を取り上げたということがありました。

「景観法」制定への経緯

事務局　国土づくり、地方分権の推進、観光振興などを図る上での重要政策課題として「景観」「緑」

があり、最終的に「景観・緑三法」を国交省として新たに国会に提出しようという動きになったということです。

景観法の制定によって、景観行政団体制度などの新しい法律的な枠組みができました。当初は基本法をつくろうという動きがありましたが、実際に法制化するのであれば実効性のあるものにしていこうということで、現在の「景観法」が２００４年（平成16年）に制定されたという経緯です。

全国の自治体ではいろんな取り組みがなされています。進士先生のおっしゃる最先端の景観行政の江戸川区をお聞かせいただきたいと思います。

特別の景観資源がない普通のまちの景観行政モデル

進士　富士山もないし日光東照宮もないという地域は、どのように景観行政に取り組むのか。これが実は一番大事な景観行政の全国的な課題です。江戸川区は、景観のベースである自然や緑を着々とやってきて、その舞台の上に区民生活の元気さ、という花を咲かせつつあるというわけです。

多田　韓国のソウル市立大学校造形学科エコプラン研究室の環境生態学を専攻されている李景宰《イ・キョンジェ》教授が江戸川区に惚れ込んでくれて、ここ4、5年、毎年、研究室の学生を連れて来るのです。われわれから見ると、こんな普通の都市を見てどうするのだというようなところを、面白い面白いと書いてくださる。

李先生が、韓国はチョンゲチョンとかいろいろつくったけれども、ああいうのはいいけれども、あのつくり方は賛成してないということを言っています。とにかく江戸川区の環境行政の戦略は、非常に面白くて参考になるとおっしゃってくださっています。この間も講演で、世界に誇れますということを言ってくださったのです。

私も面白いと思ったのですが、韓国では、日本のように江戸時代にできたような庭園はつくられてないのだそうです。つまり韓国は、自然の中にどう建物を置くかという思想なので、ああいうものをあえてつくろうとしない。これは非常に興味のある話で、なぜかということを考えると、面白いと思うのです。

気候、風土の違いと景観のありよう

多田　だからやはり、国によって、風土によって考え方が違うと思うのです。日本は7割ぐらいが山で平野が少ない。そういうところをどう考えるかという問題もあるし、民族性があると思います。韓国は北の国ですから寒いところで、動植物の生息も日本列島とは違います。だから条件の違いはいろいろあると思いますが、そういうことが頭の中にありまして、景観を考えるときに、景観の求め方が地域や国によっても違う。だから当然、多様性があっていいですね。

それからヨーロッパでは、例えばロマンチック街道なんていうのは素晴らしいと思います。イギリスのカントリーエリアはきれいで、車でどこを走っていても絵のようですね。ああいう景観は心地よくて、絵の中に飛び込んで行ったような連続ですね。同じような景観ですが、走っていて飽きないです。あれも景観のありようの一つだと思いますが、あれを日本に求めようとしても無理だという気がします。

進士　無理というか、違うのです。景観のベースは、自然風土に気候ですから。

多田　国土の状況が違いますね。

景観行政の根本をたどる

多田　江戸川区も、先代の区長が文化行政とは何かということをかなり的確にとらえていたように思います。全国では「箱もの」を追求したりしていましたが、それもあっていいけれども、それが本質ではない、と。

私たちの理解としても、高度成長期が終わって、産業と働くことが中心であった、いわゆる企業人間が、そういうゆとりのなさが終焉したことによって、人間の生き方とは何だということに気が付いた。生きがいをどこに求めたらいいかということの中で、「潤い」とか「癒し」とか、いろんなことが出て来たと思います。それは消極的になったということではなくて、生き方が深まった。

景観行政と文化行政の捉え方の重なり

多田　だから、「景観」と「文化行政」がどうつながるかということは、心地よさとか、楽しいとか、見て美しいとか、心動かされるとか、いろいろあると思いますが、根本のところは、「生きて行く上でどういう気持ちを味わえるか」というところに行き着くのではないかという気がするのです。

私はこれから選挙がありますので、どういうイメージでポスターをつくろうかと思っているのですが（笑）、例えば私たちの区は「やさしいまち」「温かいまち」「味わい深い江戸川」というコピーはどうかなと。生きていて心地いいとか、希望も持てる、最近、「癒し」という言葉があるけれども、ちょっと消極的な感じで、僕は、それはどうかなと思うのです。

本論に入りますが、「景観行政」というのは「文化行政」のとらえ方と大きく重なってくると思います。

住みたいまちの実現と景観行政

進士　両方とも究極は、住民の拠《よ》り所となるまちの姿を目指すこと、住民の永住意識の高まり度。区民がどういうまちになってほしいのか、その思いを実現するのが景観行政。

多田　最終的にそこに住んでいてよかったな、と思っていただける。

進士　ずっと住みたいまち、子どもたちにも住ませたいまち……。

多田　これは毎年実施している調査ですが、江戸川区民の定住意向は、昨年は78・9％です。2年前よりも5ポイントぐらい上がったのです。

進士　それは最高の評価ですね。それだけで江戸川は最先端だと言えます。

多田　李先生が評価してくれている環境行政の目指していたこと、それから、「全国花のまちコンクール」で大賞をいただいたときに、琉球大学の比嘉照夫先生が「花のまちというのは花をいっぱいにすることじゃない、お金を使ってやることじゃない、皆さんが不快なものをまちから取り払っていって清々しい環境にして、そこに皆さんがどういう心を込めていくかということなのだ」とおっしゃった。そういうふうに評価されるのは大変うれしいことなのですが、私たちには「これ見てくれ」というような気持ちはさらさらありません。ただ、自然にそういう心が育っているなあ、という感じは実感しますね。

江戸川区の景観行政の原点をさかのぼる

江戸川区の景観行政の原点は緑化運動

多田　実は今日、私は古川親水公園へ記念植樹に行って来たのです。なぜかというと、「古川を愛する会」が緑綬褒章をいただいて、何か記念になるものをというので、ソメイヨシノを植えようということになりまして、流れのほとりに植えて来たのです。この公園の整備事業年次は、1972年（昭和47年）から1973年です。

進士　日本初の親水公園ですね。

多田　1970年（昭和45年）に緑化運動を始めたのです。「豊かな心、地に緑」という名コピーを前の区長が考えて、私はこれ以上のコピーはないと思っています。「豊かな心、地に緑」というのは、まさに「景観」そのものですね。「心」がポイントなのです。

40年間かけて樹木を120万本から580万本に

多田　当時、樹木調査を実施した結果は樹木が120万本で、人口が46万人ぐらいですから、1人2・6本ということになった。それを1人10本にしましょうという目標をもって緑化運動を始めたのです。公共緑化も進める、民間緑化も進める。稼げるのは公共緑化で、当然、公園を一生懸命整備したのですが、その頃は開発途上ですからいろいろ条件もあったと思います。今、約580万本ですね。まだ1人8・5本ぐらい。人口が68万人で、40年経っても目標が達成できないのですけどね。

進士　人口の伸びが相当でしょう。だから人口あたり本数は大変……。

多田　この40年間に20万人ぐらい増えました。

親水空間づくりの40年間

多田　古川親水公園は、１９７２年（昭和47年）に、下水道が出来たらこういうものが出来ますよという見本のようなものでつくったのですが、親水計画の始まりなのです。「親水」なんて言葉もなかったですけど。

進士　あの頃私たちが多摩川のとうきゅう環境浄化財団で使った言葉です。『多摩川』という雑誌に出したのが１９７５年（昭和50年）。だから１９７０年（昭和45年）ぐらいから使っていましたね。

多田　若い河川課長が「得意になったって、京都の鴨川だって親水公園だ。親水公園は自分たちが発明したものじゃない」とか言ったけど（笑）。

進士　「治水」「利水」しかなかったから、「親水」が新鮮だった。

古川親水公園

古川親水公園、古川を愛する会が数々の受賞

多田　完成直後の1974年（昭和49年）に全日本建設技術協会から「全建賞」を受賞したのは関門海峡の橋と富士山頂の測候所。同じ年にアメリカの環境をテーマに開かれた博覧会で紹介された。その年の6月に「古川を愛する会」が結成されたのです。ですから36年の歴史を持っています。

２０１０年（平成22年）の春に「緑綬褒章」を受章したのですが、沿川の人たちがこれを通して絆をつくって、地域に対する思いをつくり上げて、これは「美しい心」なんですよね。この表彰は「美しい心」にいただいたと思っていいと考えています。

上空から江戸川区のいい景観を実感

多田　親水公園はこれが第1号で、2号、3号と出来ましたが、つくり方はいろいろ工夫して、床張りはやめて自然のものにしようとか、動物が生息できるようにしようとか、そういう挑戦はしてきました。一方で緑化運動を進めてきたので、今、相当に緑が増えて、この間も消防庁のヘリコプターで23区の上を飛んだのですが、都心には緑がありますが、都心からこっちへ来ると緑がなくなるのですね。江戸川区の上空に来ると俄然《がぜん》、緑が多いのですよ（笑）。親水公園があって緑の帯があって、まちの中に緑がまんべんなくあるのです。ああ、いい景観だな、と空の上から見ても感じました。

住み心地のよいまちを目指した長年の取り組み

多田　今、CO_2の問題で、緑、緑と言うけど、僕らは40年前から緑を増やす取り組みをやっていたんです。そのことが念頭になくて、CO_2削減と言ったときに緑を増やしましょうとか、屋上緑化をやりましょうとか、壁面緑化をやりましょう、学校の校庭の芝生化をやりましょうと言うけど、都会の中で苦し紛《まぎ》れにそういうことを発想するかもしれない。だけど、それは都市の中の苦し紛れの緑化であって、われわれは40年前からやってきた。そのときはCO_2の問題は考えてなかったけれども、生活していく上での心地よさを求めるためには、緑は都市の中で不可欠だ。そのことをこういう標語でまちづくりを進めたということが非常に共感を呼んだのです。

だから、要らなくなった川をつぶすかどうか。

進士　世田谷区では、河川を暗渠にして道路にしてしまった。

多田　そうですね。都市部では交通戦争なんて言われて、道路基盤整備というのが片方にあるのですけど、でもやっぱり、川は残してくれという住民の思いもあったし。

東京湾臨海部に葛西臨海公園を実現

多田　それから、葛西臨海公園という80ヘクタールという相当広い公園は、以前は、海が汚れてもう漁業ができなくなったところだったのですが、そこをどうしても残してほしいという声が大きくなったので、公園にしたものです。

進士　葛西沖の……。

事務局　あのときは海上を含めて都市計画決定をしましたね。海浜の部分も都市計画の公園決定しているのです。全国的には非常に珍しいですね。

多田　それで何十人という地主さんたちを糾合《きゅうごう》して売買とかで集約していって、開発を自分たちがやろうとしたのですが、法制上、自治体ではできないし、組合をつくってもできない。東京都ならできるということになって、東京都にやってもらったんです。東京都には、江戸川区の言うとおりやってくれと言って。

進士　都立の臨海公園は、地元の発意だったのですか。

多田　水族館もつくってくれとか、注文を出して。

葛西臨海公園づくりに新たな発想で提案

進士　おしゃれなゲストハウスみたいなホテルがあった。あれは区の施設でしょう。

多田　あれは「青少年の家」をつくると言っていたので、そんなのは発想が古いと（笑）。だからコンベンション施設だと。東京都はつくる気がないと言って押し問答していたら、じゃあ勝手につくりなさいということになったので。

進士　大都市の中の公園にホテルがあるのは珍しい。

事務局　新聞の取材を受けたことがありました。ああいうのは当時の都市公園法の簡易宿泊施設の「簡易」という概念の中で読めるのですか、という話で。

進士　簡易ホテルか。

事務局　簡易宿泊施設という概念だけど、「簡易」という概念は世の移り変わりとともに当然変わります、と。そんな押し問答をやったことがありました。

水害を乗り越えて

多田　ですから自然を求める気持ちというのは、大きな川に挟まれて水害にしばしば傷めつけられてきた江戸川区が、下水道の１００％普及でやっと普通の都市並みに環境が良くなって、さらに求めていくものは何かといったら、傷めつけられてきた「水」を逆手にとって、われわれの生活の福にしていく、禍を福に転じていこうという、これは40年の歴史があるのです。これは江戸川区の行政も区民も一緒になって求めてきた、ある意味では「ロマンチック街道」だと思うんですよ。

だから、環境行政が言われてから、自然、自然と言われるようになったんですが、そういうことについては、相当前から取り組んできました。そういうことにもっと気づいてほしい。多くの皆さんは忘れているんじゃないですか。CO_2だ、壁面緑化だと、そんなのは苦し紛れの人がやることだと。ネットを張ってアサガオを這《は》わせるようなことはみっともない、やめてくれと（笑）。

美しさを求める「心」こそ大切

進士　どうしようもないところでやむを得ず緑化する場合と、本来のあるべき姿を実現するのとは違わないといけない。

多田　ヨーロッパのベランダ緑化のような、窓辺に花を出しているのは素晴らしいと思いますよ。

進士　生活美学を感じますね。

多田　そこには、美しさをどう求めているかという「心」が感じられるんですが、ネットを張って庁舎にアサガオを這わせたところで、美なんてものは全然感じないですよね（笑）。

進士　それは子どもたちへの体験教育（笑）。

多田　その程度のものですよ。

多様な緑化施策と生け垣緑化助成の展開

進士　ドブ川の親水公園化、送電線の下を連続的緑地帯にしたり、生け垣補助金を高額にして生け垣を普及させたり、最近では新川千本桜とか新しい工夫もやっておられる。また実施部隊をメンテナンスまで一貫して環境財団で統一的に実行するのも見事ですね。

多田　僕は１９７２年（昭和47年）に、ご縁があって都庁から江戸川区に来て、１９７４年から2年間、緑化公園課長をやっていますが、そのときに古川の緑化の担当をしていたんです。例えばベランダ緑化とか、小鳥を呼ぶ運動とか、小岩のまちの花壇コンクールとか、みんなハシリなんですよ。それから生け垣緑化の助成ですね。それから、家を建てたときに緑化すれば助成しますというのをやって、これはやめちゃったけれども、生け垣は、ブロック塀は震災が来たら困るというので精力的に進めました。

進士　私は昔、23区の生け垣条例の補助金額と生け垣の延長距離、すなわち補助金の効果研究を調べたことがある。安いのは１５００円とか３０００円。たしか当時の江戸川区は１万いくら。要するに、今あるブロ

花壇コンクール

ック塀を壊して、そのあとちゃんと生け垣が整備できるまでのお金を出していたんです。普通、補助金はみんな中途半端なんです、他の施策と並んでバランスで助成金を決める。ところが公共の緑地が少なかった江戸川区は、実現させるぞという金額を出した。ピカイチでした。だからダントツで延長の長さが増えている。成果が上がっていました。制度はつくるけれども成果をきちんと上げている区は少ない。

準公共緑化を重点的に推進

多田　公園をつくって木を植えるのは、まさに公共緑化ですが、公共施設を緑化するということで、学校も全てケヤキにしましょうとか、木を最低1000本植えましょうとか、今、1校につき千数百本あるんです。だから卒業の記念樹を植えるところがないぐらい（笑）。

それから、準公共緑化ということを考えた。自らのものではないけれども、他人のものでも公共的なところにやってあげますよということを行いました。当時、都営住宅なんて木を植えないんですよ。そういうところを住民が区に言ってくるわけ。木を植えてください、いいですよ、とじゃんじゃん桜を植えた。

千本桜、区内各地に花見の名所づくり

多田　皆さんがどんな木を望んでいるかというと、桜が非常に多いんですね。区内の篠崎に江戸川が流れていて、篠崎の水門があるんですが、あの土手には日露戦争の戦勝記念の桜が植わっている。相当な古木がたくさんあるのですが、それ1カ所しかなかったんです。で、至るところに植えて、今は1万5０００本あるんです。

小松川防災拠点をつくったときに、スーパー堤防をつくりましょうというので大きな公園が出来ていますが、その堤に千本桜をやりましょうと、これは前の中里区長が考えたことです。今はお花見の名所になっています。

それから、新川というのは徳川家光の頃につくった運河ですが、あの大きな川だと面白くないな、どうし

小松川千本桜

たらいいかなというので、1000本植わるというので、じゃあやろうといってやったら凝り始めてね。だけど幸いなことに、新川は耐震護岸をやらなければいけなかったんです。だから基盤整備は東京都がやって、修景としてわれわれが千本桜をつくって良い河川にするということで進めたんですが、東京都はお金がないから、いつやるか分からないということになって、それじゃあ僕らがやるということで、区が引き受けて基盤整備から全部やっているんです。今、5、6割ですが、5年以内にやることになっているから、あと3年ぐらいしか残ってない。

江戸川区は区民参加と区民との協働を重視

区民との共有目標のもとに江戸川区を変えた都市基盤整備

多田　江戸川区を変えた要素の一つは土地区画整理です。千数百ヘクタールやっていますから。それと下水道と学校建設です。戦後32校を半世紀で106校にした。しかも全部鉄筋につくり替えた。そういうことは地域の総力をあげてやらないとできないですね。例えば都市基盤整備で道路をつくるとか、鉄道を誘致するとか、高速道路を通すとか、そういうこともやりましたが、もう一つは緑化です。これはまちを変えたと思います。

そういうことを課題として持って、それを実現しようということは、区民と共有できる目標になるのです。そうするとみんな努力するんです。達成感があるんです。「古川を愛する会」だって、40年近くもみんなが環境を守っている。

進士　「古川音頭」という歌までつくっていますものね。

困難な課題への地道な取組みがコミュニティを育む

多田　課題が何もないところで良いコミュニティが出来るかというと、それは無理だと思うんです。課題を持っていても、それがかなり困難な課題ということがありますね。区画整理なんてのは反対がいっぱいあっても最終的には全員が合意しないといけないですから、そういうことを克服するには大変な努力が要るんです。千数百ヘクタールという区画整理では組合員数は600ぐらいになりますね。組合の皆さんが言うことを聞かない人のところに日参して、分かってくれよと言ってやるなんて、並み大抵のことじゃないですね。そういうことをずっとやってきたことが、良いコミュニティにつながっている。

水害を克服して、みんなで水と緑のまちをつくりましょうと、禍を福に転じる努力をすることによって、良いコミュニティが出来て、それが教育であるとか、子育てであるとか、高齢化に対する対応とか、福祉とか、そういうことにつながっていくんです。

進士　まずインフラですよね。必要なことは全部やる。それは区民共有でコラボレーションして、関係者が全部組んで共通目標で頑張ったかたちが景観だというお話ですね。

良いコミュニティ、豊かな心と住民の笑顔が良い「景観」

多田　「豊かな心、地に緑」という標語の答えを、今、われわれが噛みしめているんです。そこに良いコミュニティができて、そこに「温かいまち」とか「やさしいまち」とか「味わい深いまち」とか、そういうものが存在する。それそのものが、まさに良い「景観」なんです。

前の選挙のときの私のキャッチコピーは「六十何万人の笑顔」でした。まさに私たちが求めているのはそれなんです。良い環境の中で、良い人の心があって、豊かな心があって、そのことを人間の生きがいとして楽しめる。それが「景観」ですね。

素晴らしい景観と豊かなまちづくり

人の営みの多様性、深く多様で素晴らしいまちをつくる

多田　だから、そこにはどういう人がいるということを「心」で象徴しているんですが、みんな笑顔であるはずなんですよ。その笑顔を含めて、子どももいて、お年寄りもいて、働く人もいて、その素晴らしい眺めが「景観」。

進士　一色の笑顔じゃない。いろんな笑顔がたくさんある。十人十色、みんなちがって、みんないい。

多田　そう。喜びも悲しみもあっていいんだけど、人間の営みの豊かさというか、深さ、幅、質……。

進士　江戸川区はサラリーマンだけじゃない。若者や子どももたくさんいる。本当にさまざまな生業が営まれている。江戸川区には職人さんもいるし、小松菜の本場だから農家もあるし、商店街も賑わっている。職業も、年代も、人も、場所も多様だから、風景も多様で、元気になる。

地域の個性を光らせる努力が肝心

多田　地域によってかなり個性が違っているんですけど、葛西のような新しいまちとか、小岩とか小松川のような古いまちとか、そういう古さの中に非常に味わい深いものがあるわけです。人の心とか、生活習慣とか。葛西はまちが新しいですから新しい住民も多いので、それなりに新しさがあって、そこにはそれぞれ違った景観があって、違ったものがいろいろ存在するというのは楽しいですよ。だから、そういう個性をよりよく光らせる努力を景観行政の中でやるということだと思います。

光らせるというのは物だけではなくて、心も必要です。「江戸川アダプト活動交流会」というのを毎年やるんですが、ボランティアも6000人になったでしょう。

進士　交流会の活気はすごいですね。区民がいろんな場面で大活躍する。数字で示せば、日本一がわかるでしょうね。

区民の活動する姿そのものが素晴らしい景観だ

多田　これがまちに惚れ込んでいる証拠なんです。それが素晴らしい景観をつくっているわけです。みんな寄って来て花を植えたり、いろいろやっている姿は素晴らしいものです。

進士　「花のまちづくりコンクール」のときに、親水公園でパンツ丸出しで子どもがいっぱい水遊びしている。あれだけで審査委員みんなが票を入れたのです。子どもが生き生きしているまちなんて今どき珍しい。江戸川区ではすべてそう。

多田　江戸川区の公園面積は756ヘクタールなんです。都内で2番手が江東区、3番手が足立区です。2番と3番の面積を足してもまだ江戸川区が1位なんです。そこに緑がいっぱいある。

進士　そして、それを楽しむ区民がいっぱいいる。

多田　公園は、公園があったらそれでいいというものじゃないんです。そこに人がいなければいけない。子どもからお年寄りまでみんなが公園を楽しんでいなければ、良い公園とは言えないですね。それがまた公園の素晴らしい景観をつくるわけです。

進士　花見シーズンの江戸川の風景、賑わいを見てほしい。

施設での活発な活動がより良い「心」と賑い景観を生む

多田　たしかにいろんな施設もつくったけれども、そこでみんなが豊かな生活を享受するためのいろんな活動をする。趣味であれ何であれ、目標を持って、仲間と一緒になってやる。それが生活の質を高めていく。そこに良い「心」が生まれるわけです。施設に人がいなかったら施設らしくないですよね。大勢の人が来て活動する。そこで人の「心」が結ばれて、景観が素晴らしくなる。

進士　風景というと、富士山と松原のように美しい景色を理想だと思う人が多い。それは古典的風景観です。景観行政の理想は、人々が集い、賑わう景観、人が出ている景観です。人のいない公園も名園ではない。

多田　商店街でもそうだし、賑わいをつくって、そこに心を寄せ合うということが大事だと思っているんです。

江戸川らしい景観行政に向けた本格的取り組み

住民参加が基本の江戸川区の景観基本計画

進士　景観基本計画では「軸と拠点」「大景観と小景観」という枠組みをしっかりつくって、区民参加の景観活動がますます伸びていく。そして「元気な江戸川区づくり」を実現する道筋を策定したわけですね。

事務局　法制度ですと、景観を良くしていくために建物の意匠だとか形態が主軸になっていて、関係者が参加できるような仕組みづくりをしているわけですが、江戸川区の場合は、今まで水と緑のまちづくり基盤がほぼ整った上で、住民の方々も参画しておられ、それをさらにブラッシュアップして、区民がより熱気を持って取り組める舞台と機会を制度的に「景観計画」という概念の中に持ち込んだということでしょうか。

多田　親水公園も古川が出来て、小松川境川をつくって、一之江境川をつくって、それぞれに「愛する会」が全部できているんです。一之江境川ではさらに自然を再生しようと、動植物が生息できる川にしようと取り組んでいます。

指定景観地区の取り組みが数多く表彰される

多田　景観地区ですが、沿川の人たちは大賛成で、高度成長期はドブ川だったから裏口でしたが、親水公園が出来ると、家を建てる時、みんな表にする。だから川1本で必然的にまち並みが良くなりますよ。もっと良いところにしましょうねとなったら、景観行政は結構ですね、という話になる。それでも2年ぐらいかかりました。この間、社団法人環境情報科学センターから一之江境川親水公園沿川の指定景観地区での成果に対して、「計画・設計賞」をいただきました。

事務局　取り組みの過程が素晴らしいと。

多田　3人のうち、2人は研究論文。

事務局　環境面の評価ですね。

多田　やたら表彰を受けてるから覚えていない（笑）。

区民の熱意と景観行政の推進に世界的評価

多田　景観行政の入り口をつくって、全区的に景観行政をやりましょうと区の職員も言うものですから、進士先生の話と重ね合わせて、そうかと思って、じゃあ、やりましょうということで行っているわけです。国連の賞もそうなんだよね。シルバーアワードをもらってきた。

進士　まだ国内では十分知られていないが、世界的評価も受けているわけですね。

（2011年2月収録）

＜事務局のコメント＞

事務局の対談企画案では、最先端の取り組みを行っている江戸川区の景観づくりの背景、きっかけ、景観計画策定にあたって特に重視した点、工夫した点、策定中の江戸川区景観計画の特色、景観行政団体の指定を目指した理由、これまでの取り組みを振り返っての感想や今後の取り組みなどについて対談いただく筋書きを描いていました。

しかしながら、対談の冒頭から対談企画案の筋書きとは大きく外れ、景観行政の歴史的経緯、景観法誕生の背景、特別の景観資源がない普通の都市の景観行政のあり方に話が及びました。また江戸川区の景観行政についても、行政実務的内容をはるかに超え、40年間の取り組みを踏まえた「素晴らしい景観づくり」の基本的視点をめぐり対談が進み、そして締めくくりとして、今回の景観計画によってこれまでの取り組みの枠組みをさらにしっかりしたものとしようとの意図が示されたのでした。

このように事務局の企画とは全く異なった展開となりましたが、むしろこのことが「良好な景観づくりの基本的視点と今後の取り組みの方向」をより明確に示唆したものとなったことに、対談後の編集作業を進める中で気づかされました。

景観に関する高い見識と景観行政への熱い思い入れをもって対談されたお二人に敬意を表しますとともに、今回、貴重な対談に立ち会う機会を得ましたことに感謝申し上げます。

最後に、今回の対談に際して多大のご協力、ご支援をいただきました江戸川区都市開発部長の新村義彦様をはじめ関係の皆様に厚く御礼申し上げます。

（事務局＝美し国づくり協会理事　髙梨　雅明）

美し国への景観読本
みんなちがって、みんないい

美しさについて

前・水資源機構理事長　青山　俊樹

美しさというものを強く意識しだしたのは、東北勤務の頃からである。

平成7年11月1日に赴任し、その4日後、会津に行く用があった。道路の両側の山また山がすべて紅葉しており、それが延々と見渡す限り続いていた。

また山形の峠で、両側は赤、黄の紅葉の斜面であるが、その中央に白い雪をいただいた月山を見た。神々しいとしかいいようのない風景であった。

秋の紅葉だけでなく、冬の雪山も美しい。白く染められた山腹に葉を落とした木々が黒々と林立しており、まるで水墨画の世界である。

春から夏にかけての山河も素晴らしい。雪解けの清冽《せいれつ》な流れのほとりに若葉が芽吹いてくる。本当に自然は美しい。

東北に限らず、自然が色濃く残っている地域は美しいが、自然と人間の営みの合作である棚田、散居村落の田園風景も美しい。

また、白砂青松《はくしゃせいしょう》の海岸も自然と人間の営みの合作である。例えば、和歌山県の煙樹ヶ浜は徳川頼宣が、佐賀県の虹の松原は唐津藩主寺沢広高が防風防潮林として松を植えたことにより、白砂青松の浜となった。

〝願わくば花の下にて春死なむ　その如月の望月の頃〟と西行が詠んだ桜は、日本人がこよなく愛でる花である。桜並木の続く道は赤ちゃんを抱く母親の笑顔を連想させる。

桜に限らず例えば、日光街道の杉並木は江戸時代に整備されたが、その後も営々と手入れされ、現在もその美しさを保っている。

京都の東山山麓や嵯峨野の道は歴史、文化を感じさせ、金沢の犀川、浅野川の水辺は美しい。人口の集中している大都市でも仙台の青葉通り、定禅寺通り、東京の表参道、神宮外苑のように緑豊かな街路は美しい。

土木技術の粋を集めた構造物も美しい。例えば、明治時代に水道用としてつくられた神戸の重力コンクリート式の立ヶ畑ダムは阪神・淡路大震災でもビクともしなかったし、100年近い風雪に耐えてその雄姿を見せている。

本四架橋の数々も日本が世界に誇るものである。あのように大きな構造物が瀬戸内海の島々に溶け込み、何の違和感も感じさせないのは、素晴らしいことであるが、その背景には高名な日本画家から色についてのアドバイスをいただくとか、種々の配慮があったと聞いている。

景観についての配慮がほしいのは、ガードレールやブロック塀、コンクリートウォールなどの構造物である。仮設として機能だけを満たせばいいのだという雰囲気を漂わせている。まるでブスっとしてコップを音たてて置くウエートレスのように。

今春、東北地建時代どのようなガードレール、ガードパイプが良いのか共に検討した仲間から電話があり、東北方式とでもいうべき、ガードパイプが800キロの延長に達したとの連絡をいただいた。当時の地建局長と道路局との間で苦労したメンバーのおかげで、東北の景観は大きく変わったと思われる。

景観といえば静的景観のことを連想しがちであるが、景観がどう変わったかの動的変化についての評価がなされてもいいのではないか。例えば、景観法成立後、コンビニエンスストアやドラッグストアで劇的に美しくなった店が出現したが、このような努力をした企業を顕彰できないものだろうか。美《うま》し国づくり協会として議論していきたい。

800キロの延長に達したガードパイプにより、東北の景観は大きく変わった

景観と色彩

一般財団法人日本色彩研究所　赤木　重文

景観から受ける印象に対して、色彩が果たす役割は非常に大きいといわれています。水や緑が豊富な景観や伝統的雰囲気を持つまちなみは、私たちを穏やかで落ち着いた気持ちにしてくれます。しかしそのなかに、主張の強い色彩をした構造物や広告物が出現すると、その雰囲気は台無しになるケースをときどき見受けますが、このような体験からも色彩が景観に多大な影響を持っていることは明らかでしょう。

景観色彩計画とは、主に色彩の機能を活用して、目に見える環境の状態を整えていく手順を立案するものです。色彩は通常、具体的な形状や大きさ、材質およびレイアウトを伴って現れてきます。したがって、色彩計画にあたっては、色彩以外の要素を含めた検討が必要であることは言うまでもありません。色彩計画は目に映るすべての要素を検討し、目的に沿った方向へ誘導する計画であり、色彩全体計画によって景観のあるべき姿を示すことが可能となります。色彩計画のコンセプトワードやカラーシミュレーション画像などで、その姿をより具体的に示すことも可能です。

景観法が施行される以前から今日まで、いくつかの景観色彩ガイドラインが策定され運用されています。その内容の多くは、景観タイプごとに使用する色彩の範囲を規制したものです。良好な景観を持つ地域について、その色彩を丹念に調査すると、出現する色彩はほとんどの地域で一定の範囲に収まる傾向がみられます。このことから、景観色彩ガイドラインのなかで、許容範囲の色彩を定めることは一定の意味を持つことが分かります。

色の機能のひとつに、周辺から対象を際立たせたり、逆に埋没させたりする働きがあります。動植物の外観にも生命維持のためにそのような事例を多く見かけます。良好なまちなみ景観を阻害するといわれる屋外広告物にも、自己主張の極みとも思える「周辺からの際立ち」が見られます。全国展開する大型店舗の屋外広告物が多くの地方都市にあらわれ、そのため、同じような景観が日本のあらゆるところで見受けられることになっています。

地域特性を反映した景観の色彩は、地域社会の基盤であり、資産でもあります。目先の自己主張は、巡り巡って自分の首を絞めかねないことを自覚すべきでしょう。そのような意味では、ネガティブチェックである許容色彩範囲の規定には意味があると考えられます。

しかし、次のステップでは地域特性を反映させた景観づくりを支援できるきめの細かい色彩ガイドラインが求められます。きめの細かいガイドラインというのは、許容色彩範囲を細分化することではなく、地域住民が自らの手で自分たちの地域の色彩を把握し、色彩の使い方を決めていくことを支援するガイドラインという意味です。

以前、雪に覆われた山地を調査して、県庁所在市の郊外まで下りてきたとき、雪の間から覗く看板を見て、少しほっとした気持ちになったことがあります。また、最近、石巻市と女川町を訪問し、アートを通してまちに活気を取り戻す活動を行っているアーティストにまちを案内してもらいました。グレイの仮設住宅や瓦礫の中で生活していて、鮮やかな絵の具を目の前にした被災者が筆を持って生き生きと元気を取り戻していく様子を語ってもらいました。

次元の違う話を同じ土俵で比較してみても始まりませんが、景観の社会的価値と色の功罪をしっかり認識していれば、景観における色彩の取り扱いも、規制の時代から創造の時代へと移行していくと思います。また、そのように舵取りをしていかなければならないと考えています。

景観と命と――美し国の実現へ

建設技術研究所相談役　石井　弓夫

災害を乗り越えてきた日本

２０１１年３月11日の東日本大震災は１万９０００人を超える犠牲者と17兆円という直接被害をもたらした。これは明治以降の自然災害では１９２３年（大正12年）の関東大震災の犠牲者10万５０００人、１８９６年（明治29年）の明治三陸大津波の２万２０００人の犠牲者に次ぐ大災害であった。もちろん太平洋戦争の犠牲者は戦闘員２３０万人、市民80万人という桁違いの人数であったが。

東日本大震災の後、わが国は必死になって復興に取り組んでいるのであるが、どうも空回りをしていて遅々として進まないようである。この遅れの原因は何であろうか。それは復興した「国のかたち」がどのようなものになるのかについての国民の合意が出来ていないためではないだろうか。

「国」とは人々に安全・安心、良い生活、良い環境を提供する社会組織であることを考えれば、その「かたち」がないということは、日本が国の体をなしていないのではないかとの疑念を抱かせるほどである。

　はるかに大きな被害のあった関東大震災では、1カ月に満たないうちに「帝都復興」が国民的な合意となり、着々と復興へ進み始め、6年後の1929年（昭和4年）には秩父宮を名誉総裁、古市公威日本工学会会長を組織委員長とする万国工業会議（World Engineering Congress）を東京で主催し、世界に復興の姿を示すまでになったのである。

国民的目標を

　今回の震災からの復興については、特に津波対策に関して国民的合意が得られていないことのマイナスが大きい。そこへ、最近になって南海トラフを震源とするマグニチュード9の巨大地震により10県で最高の震度7になり、津波が海抜30メートルを超える県が出ると発表され、対策をめぐる全国的な混乱が増幅し、恒久的な復興計画、津波対策が立たないのである。津波対策としての高台移転や高い堤防による安全か、危険地域での生活・産業かで対立しているのである。言い換えると安全優先か、生活優先かということである。

　この「生活」には美しい景観と観光産業も入っているので、ここでは「美し国《うましくに》づくり」の立場から復興と景観の関係を述べてみることにする。

失敗と成功

まず復興の失敗例を北海道西南沖地震奥尻津波（1993年）と阪神・淡路大震災（1995年）などから見てみよう。奥尻では住民の意見が分かれ、高台への移転と海岸での復興（高さ11メートルの防潮堤）に分裂した街づくりとなってしまった。結果として、高台は安全ではあるが寂れた街となっているという。

阪神の復興では神戸の菅原商店街が失敗の典型である。安全を強調した街づくりにより、広く「美しい景観」の街路は出来たが、肝心のお客さんが来てくれない寂れた街となってしまったのである。産業が成り立たないのでは復興とはいえない。

今回も被災した宮古市田老では明治三陸津波を念頭に置いて、1958年（昭和33年）に、万里の長城ともいわれた海抜10メートルの高さの防潮堤を建設した。この町の防災対策を計画した当時も、高台への移転と防潮堤方式とが対立したが、移転の適地がないことと移転では生活を支える水産業への支障が大きいことから防潮堤方式になった。この防潮堤は1960年（昭和35年）のチリ津波で効果を発揮したことから市民の信頼を得ていた。しかし今回、津波はやすやすと防潮堤を越えてしまい、甚大な被害をもたらしたのであった。

一方、成功例もある。同じ津波であっても釜石市では日頃から行っていた防災教育・避難訓練にしたがって行動した学童生徒には犠牲者がほとんどなかった。また各地では学校などの鉄筋コンクリートの建物がシェルターとなって大勢の人命を救っている。

震災ではないが2002年（平成14年）、2003年と2度の火災で焼失した大阪の水掛不動尊がある法善寺横丁商店街は、消防法の解釈を変更させ、ゴチャゴチャとして「危険」で「悪い景観」ともいわれる旧い街並みを再建した。ところが街は以前にも増して繁昌している。もちろんその陰には住民による不断の防災活動が行われているのは当然である。

これらの失敗と成功の経験から学ぶことは多い。まずどんなに堅固な施設であっても、その能力を超える自然現象はかならず起こるということである。次に「安全」は日々の生活――これには産業ばかりでなく、広い意味での「美しい景観」が含まれる――が成り立ってこそ意味があるということである。三番目は災害の記憶を忘れないということである。寺田寅彦の名言「天災は忘れた頃にやってくる」は今回の大震災にも当てはまった。

復興とは安全と景観の両立

では、安全と生活あるいは景観を両立させる方法は「ない」のだろうか。それが「ある」ことを経験は示している。それは防災対策の「総合化―Integrated」である。総合化とは防潮堤などの構造的対策―Hardwareと避難などの非構造的対策―Softwareの統合を意味している。このような対策はすでに1970年代に日本で「総合治水事業」として始められ、今日では水資源から環境までを含んだユネスコの指針として国際的にも認知されている。

「美し国」とは災害から安全・安心であると同時に良い環境、美しい景観の下での豊かな生活が実現した国だということを忘れてはならないのである。命も景観も守る「総合的防災対策」に支えられた「美し国」が早く実現することを期待したい。

都市部樹林地を負から富の資産へ

市川みどり会　事務局長　宇佐美　益則
事務局次長　岡本　篤

コンセプトは「歩く」

市川市は東京に隣接していることから都市化が急速に進み、現在、7路線16駅を有しています。このため、地価が高く相続税の関係で、市内のほとんどの平地林は消滅してしまい、わずかに残されている山林の大半は管理困難な斜面林で、住宅に隣接した介在山林です。落ち葉、日照問題などをめぐる山林所有者と新住民の間に軋轢《あつれき》が生じ、行政側も苦情処理に追われるなど、「負の資産」といわれています。

「市川みどり会」は、市民の理解を得ながら、造園学的思考と技術や起伏に富んだ市内の地形を活用し、さらには日光の「いろは坂」のような色彩を取り入れ、負の資産ともいわれる樹林地を含む市内全域を、観光名所「ガーデンアイランド市川」として「富の資産」へと生まれ変わらせたいと考えています。

「ガーデンアイランド市川」構想のコンセプトは「歩く」です。

人が歩きたくなるまちに必要なのは「景観づくり」です。樹林地など安定した景観は精神の安定につながり、市民に「やすらぎ」を与え、市民が集まり、歩き始めることにより、まちに活力が生まれます。

風雨による破損木が生じる、落ち葉や枯れ枝が雨どいに詰まるなどの市民からの苦情に対して、CO_2削減の重要性や環境の大切さ、気温の上昇抑制効果をいくら説いても、樹林地の重要性はなかなか伝わりません。それよりも身近な景観として市民の「目」に訴えたり、子供たちの環境教育に活用したりすれば、市民参加の「まちづくり」が生まれてくると思います。

「毎日散歩したいまちづくり」を実現していくためには、市民と協力しながら、樹林地を子供たちが気軽に入れる「里山緑地」として活用し、市民が安全で安心して歩ける散策路の整備を進め、各地からも電車に乗って気軽に散歩に来られるような、魅力ある景観を備えた風格ある「健康都市・市川」に相応しいまちづくりを推進する必要があります。

16 駅を起点とする散策路の整備

将来的には……駅を降りると散策路掲示板があり、掲示板には目的地に至る何通りかのコースとともに、キロ数、所要時間、コンビニ、飲食店、農産物の直売所が記されている。市民はその日の体調に合わせ、帰る時間を想定して選択し歩き始める。各地から電車で市川を訪れた人々も市内の散策を楽しみ、帰りの電車に乗る人々のリュックの中には、少しずつ梨、トマト、ナスなどの市川の農産物や銘菓が入っている。駅には「何歩歩いたかな?」と万歩計を見て、電車を待つ人々の姿が見られる……そんな、まちづくりを目指しています。

そのため、「山林評価基準」を作成し、これに基づき「市川市緑化対策事業補助金」を活用し、会員の里山再生事業を支援しています。

具体的には「基本山林(下草刈り程度の管理が行われている山林)」「除伐山林(道路、住宅地の隣接部から2メートル以上除伐された山林)」「生態系(ハビタット区分)により評価を受けた山林」の三つの評価要素を基に、管理状態を4段階(A、AA、AAA、Z)に分けます。

Zランクの評価を得るには、三つの評価要素すべてを満たすAAAランクとともに、原色の花木類を含む景観樹木を植栽することが求められます。Zランクの指定樹林地は「里山緑地」標識を設置し、維持管理を市川みどり会が行います。

あせらず、ゆっくりと小さな木から

道路にほうきを持って立つ人が何人現れるか……。「景観づくり」の成否は、ここにあると思います。景観が市民に受け入れられれば、自ずと樹林地沿いの道路にほうきを持って立つ市民が増えていくと思います。こうなれば景観づくりは成功したといえるでしょう。そして、市民の心の中に市川に住む誇りが芽生え、所有者にも樹林地を持ち続ける自信と誇りが生まれれば、まさに成功です。その答えが出るのは、景観が風景へ成長する100年後です。

あせらず、ゆっくりと小さな木から始めて、風土と呼ばれるまでになるよう、子々孫々に引き継げる樹木管理システムをつくり上げたいと思います。

まずは、景観樹木を植え、根付かせなければなりません。

市川みどり会は1972年に発足、翌73年に市川市と緑地保全協定を結び、里山の保全・再生・活用に取り組んでいる山林所有者の会です。会員は2012年5月現在170名

山林評価基準Zランクの
指定樹林地に設置される
「里山緑地」標識

震災復興に景観創造の視点を

建築家　小倉　善明

東日本大震災から1年たち、新聞に〝がれきの上に「森の防潮堤」〟という記事が載っていた。岩手県大槌町で、がれきの上に植樹し、「森の防潮堤」をつくる試みである。

もっとスケールの大きな総合的な計画も聞いている。宮城県岩沼市で計画されている「津波除《よ》け千年希望の丘」である。官民一体になり、がれきを1000年後に来るかもしれない津波除けに役立てるとともに、町のシンボルにしようという試みである。当然この丘がある限りは津波の怖さを思い出し、日常の防災意識を高めることにも役立つだろう。一方、被災地に行ってがれきの山を見て、この中に使える木材が多くあるのに驚き、これを活用し地元の学校の運動場を整備する道具をつくって送った話もある。最近では、陸前高田市の高田松原の松を用いて仏像をつくった話も報道された。

がれきを東京都はじめ他の都道府県に運び、焼却することが進められているが、この方法のがれき処理はまだ全体の5％しか進んでいない。

がれきを厄介なもの、処分しなければならないごみと考えれば、焼却するということになるが、途方もない量のごみである。全国に運搬して分別し焼却して埋め立てるコストは大変なものであろう。放射能問題については別としても、受け入れ拒否の話も聞く。一方、がれきを資源と考えたらどうなるだろうか。もちろん、この資源を実際の資源として活用するには幾多の問題もあり、コストもかかるだろう。

しかし、津波で流された莫大な量の防風林の松などは腐ってしまわないうちに、間伐材並みに再活用できないだろうかと思いたくなる。建材が無理であるなら土止めとか、現地ならではの小回りのきく対応も可能ではないか。そのためには仮設の製材所をつくってもよい。要は、がれきを資源と考え、地産地消の発想で処理したほうが、遠くまで運び処理するよりは効率的でもあり、多くの有意義な使い方ができるのではないかと思うのである。

がれきを分別して地元で有効活用できないならば、積んであるがれきを防潮堤に有効な高さの帯状に積みなおして、つながりを持たせ、国や県の協力を得て「千年希望の丘」運動を被災地に展開するのはどうだろうか。宮城県名取市では今回の津波が道路の土手で止まったことも参考になる。丘を築く敷地は土地の所有者から提供を受けなければならないが、今ならば、市街地の中に道路を計画するよりは容易に入手できるだろう。

東京から千葉に向かう湾岸道路の左側（陸側）市川市の手前に灌木の茂る小高い丘がある。20年程前までは、産業廃棄物処理場で、がれきの山であった。がれきが積みあがる一方で草が生い茂ってきた。このころモトクロスライダーたちがどこからともなく集まってきて、丘を我がもの顔で走っていた。やがて木が生い茂ってきた。今や緑の山である。

がれきの山は何をしなくとも、自然に緑の山にかわる。たぶん、被災地の、がれきの山の多くは同じ経過をたどるだろう。だが、現在多少の知恵と、住民と自治体の協力さえあれば、がれきの山はもっと価値のある山へと変貌する。百年の計、千年の計を立てるには自然の力を借りるのがよい。しかし、そのきっかけは我々がつくれる。目指すものは新たにつくる第二の里山ではないか。

このように長期にわたり存在し続けるものの計画には、永い時間軸でものを考えるプロフェッショナルが必要だ。いちばん近い考え方

この緑の山は行徳富士という名がつけられている。不法投棄によって生まれた丘とはいえ、自然の生命力の強さを感じる

ができるのはランドスケープアーキテクトであろう。岩沼市のリーダーもランドスケープアーキテクトである。ランドスケープという言葉は、我が国では1960年ころから多く使われ始めた。ランドスケーピングは修景とも訳されるが、我が国の庭園造りとは違い、自然環境を再構築する学問であると私は考えている。

この学問は自然が多く、しかし自然破壊が進むわが国では非常に大切な分野であるが、いっこうに重要視されず、世界的には後れをとっている分野である。その理由は、我が国では、ランドスケープアーキテクトが育ちにくい（この分野が土木に属し、設計（知恵）も入札によって発注される）状況があるためであろう。土木に限らず、建築の世界でも公共建築の設計の多くは入札制度が適用されているのが現状である。

この事実と災害復興とを重ね合わせると、「すぐれた復興計画は、安い知恵が良いとする入札制度からは生まれない」と思いたくなる。災害復興に対して優れた知恵を集めなければならないのであり、集めなければ悔いを残すことになるだろう。

一方、災害復興に対し建築界の多くの人たちは、自主的に多くの優れた提案をしている。若手建築家の集まり、大学の研究室、設計事務所、民間企業などが独自に研究し、復興への道のりを示している。この中には現実的で素晴らしいアイディアもある。にもかかわらず、これらはほとんど提案にとどまり、実現されるものはない。あるものは展示会で発表され、あるいは成果は本にまとめられ、そのまま忘れ去られていく。提案にとどまらざるを得ないのは、専門家の知恵や発想を行政や地方自治体が取り上げていくシステムがないからである。

しかし、その気になればいくらでも方法がある。「わが町、わが村の復興計画」の案を土木界・建築界から募ってもよいし、コンペをしても知恵は集まる。良い知恵を入札でない方法で入手できる方法は、その気になればいくらでもあるといってよい。あるいは建築界がこぞって一丸となってコンペの企画や審査を提案してもよいし、民間の復興案を集め、すぐれた案を選んで提案してもよいだろう。

あえて、建築界がこぞって一丸となってというのは、現在建築界には5団体あり、それぞれが独自の活動をしている。今回の災害のような場合には、土木界・建築界として一つのまとまりとなって、活動する必要があるからである。そして、すぐれた復興案をつくるには、行政側も土木界・建築界の知恵をいち早く集める社会制度を構築しておくことが最も重要であろう。

災害復興に際し百年、千年の計に値する計画を立てるために、我が国の土木界・建築界の優れた知恵を生かし、さらに環境創造に対して専門的な知識を持った次世代の専門家が育つ環境を整えたい。震災復興とは景観創造であることを胸に刻み、被災地にすぐれた新しい景観が生まれることを期待したい。

景観計画策定の意義をあらためて問う

創建　取締役副社長　川合　史朗

コンサルタントとして自治体の景観計画の策定支援業務に携わる中で、しばしば「景観計画策定の必要性を市民や議会に対してどのように説明すべきか」という質問を受けることがある。当初は意外に思ったが、よく考えてみると適切に説明することは容易ではない。ここでは、策定の背景にある個別事情は脇に置き、ある程度、共通性があると思われる事柄について私見を述べてみたい。

景観計画を策定する必要性を考えていくと、結局、「景観形成はなぜ必要か」という命題に帰着する。人によって答え方は様々であるが、私は「豊かさを求める時代」から「豊かさを深める時代」に移り変わる中で、交通をはじめとする各種都市機能の条件に大きな差異がなければ、早晩、景観的魅力を有する都市にこそ人々が集い暮らすようになるから、むしろ積極的に取り組む必要があるということを申し上げている。

東京都区部をはじめとする一部の大都市を除く自治体では、人口減少とそれに伴う財政事情の悪化が懸念されている。こうした状況下で、愛着と誇りを持っていつまでも住み続けてもらい、かつ、積極的に居住地として選ばれる都市であり続けるには、景観的側面から都市の魅力を向上させることも一つの重要な政策課題となる。大都市近郊に位置するベッドタウン的性格を有する自治体であれば、なおのこと都市間競争に勝ち残るための都市戦略上の視点から取り扱うべき事柄である。

また、地域が一体となって景観形成に取り組むことで、誇るべき地域共有の財産となる景観が育まれ、それは結果的に個人の宅地等の資産価値を高める可能性があるということに言及することがある。まだ数は少ないが、環境経済学の手法を用いることで良好な景観や緑といった環境の質が地価にどの程度反映されているかを検証した研究事例や、景観の良さを売りにすることで販売価格をやや高く設定している民間の分譲住宅の事例があることに触れ、景観形成に取り組むことは、一方で私的権利の制限にも立ち入ることになるが、他方において住民の利害にも一致するのではないかということを話すのである。

さらに、本来、私たち一人ひとりは社会全体（公）の中の一人（個）という存在であるはずなのに、残念ながら「公」よりも「個」を優先するというメンタリティの日本人が多いことから、私は常々、景観形成の規範がなければ景観が混乱するのは必定であると考えていた。逆説的ではあるが、地域で遵守すべき「景観形成基準（デザインのルール）」がなければ、ちぐはぐな景観が生み出される可能性が高くなるのは自明なので、そのことを行政がどのように認識しているかを時々問うことがある。

私は、行政の不作為によって地域住民はもとより来訪者にとっても居心地の良い空間づくりの機会を逸するならばもったいない話であり、行政には、全ての地域住民や事業者等に対して、景観形成の重要性を気づかせるような何らかの行動を、少なくとも一度は起こす責任があるのではないかと考えている。

さて、自治体が景観行政団体になると景観計画を策定することになる。計画で定めるべき事項は多岐にわたるが、その最大の眼目は、当該自治体における景観形成の目標や方針を定め、それを実現するための建築や開発に関する行為の制限（届出基準、景観形成基準など）を明らかにするところにある。

自治体は、その内容を地域住民、事業者に周知しながら、この計画を規範として、必要に応じて民間建築物や公共事業の景観形成ガイドラインを用いたり、景観審議会や専門家からのアドバイスを受けたりしながら、具体の景観まちづくりに向けた景観行政を展開することとなる。

また、景観計画を策定する実利的側面の一つに、「景観重要公共施設」を位置づけることができる点を挙げることができる。当該自治体の都市イメージを印象づける規模の大きな道路や河川などは、それ自体の景観整備だけにとどまらず、周辺地域の景観形成に及ぼす影響も大きいため、国や都道府県が主体的に景観に配慮した事業を行うということは大きなメリットとなる。

さらに、法定の景観計画に基づく指導・勧告等の運用実態が広く認知されていく中で、建築関連事業者等が良い意味で、従前にも増して慎重に自らの物件の景観検討をせざるを得ない状況をつくりだ

景観形成の対象

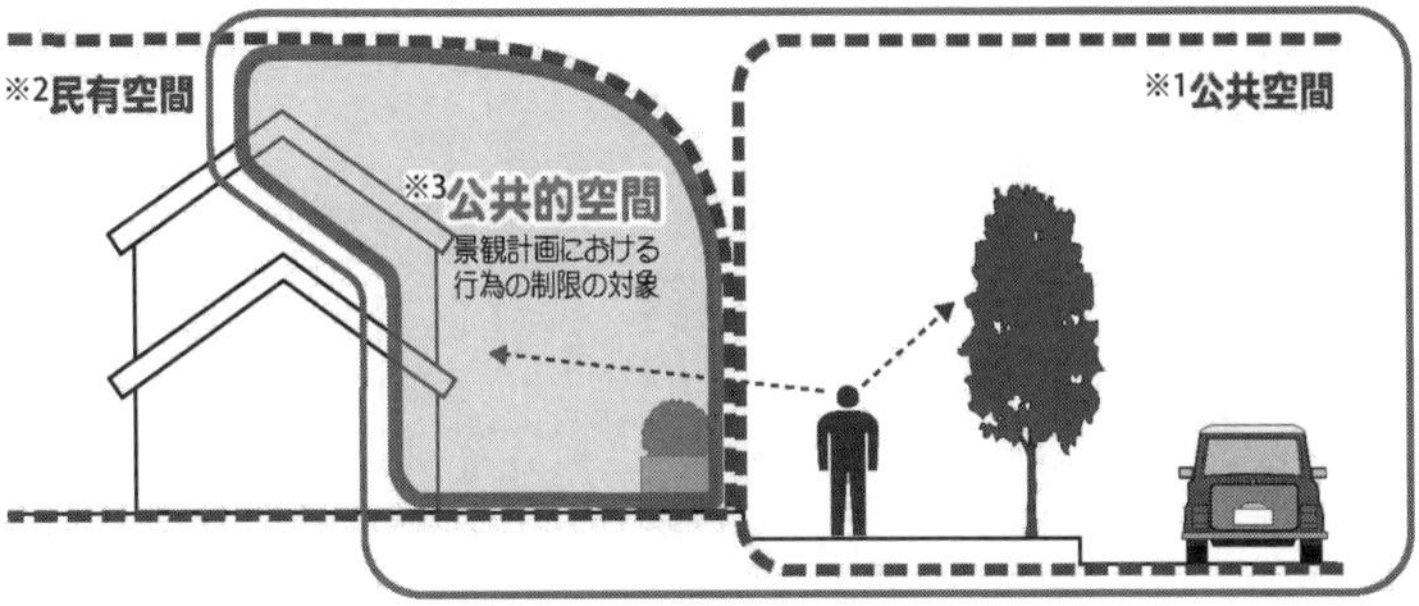

すという点も見逃せないメリットとなる。

以上、景観計画策定の必要性を簡単に述べたが、次に、景観計画を適切に運用していく上で前提となっている考え方であるものの、意外に認識されていない景観計画の規制誘導の対象となる空間である「公共的空間」の位置づけについて触れたい。

土地の所有関係から都市空間の断面をとらえると、大きくは「公共空間※1」と「民有空間※2」に分かれるが、上の図のとおり、民有空間のうち、通常、公共空間から望見できる範囲、即ち建物の通りに面している部分などは「公共的空間※3」として位置づけることができる。

土地を所有して敷地内に建物等を建築する場合、もとより建物内部のデザインは個人の裁量に委ねられるべきものだが、建物の外観等は否応なしに、ご近所をはじめ道路や公園を歩く人の目に触れる存在であるために公共性があるともいえる。

その意味で公共的空間では、個人が好き勝手にデザインするのを抑制する一方、町並み全体の魅力向上に向けて、地域のみんなが納得できる景観形成基準を見出すことができるなら、積極的にその設定が行われてしかるべきであるといえる。

しかし一般的にそのような理解は浸透しておらず、また、逆に都市計画法や建築基準法を遵守しているのに、景観形成基準等によって経済活動の自由や、個人の好みが規制されることに違和感を覚える人も多い。確かに、歴史的な町並みなど地域固有の文化に裏付けられた独特の景観が残る地域でもない限り、例えば、普通の住宅地において誰もが納得する景観形成基準を見出すのは容易ではない。

実際、私自身も住宅地の基準づくりに携わった経験があるが、行為制限に関して様々な可能性を論ずるものの、最終的には極端に目立つような色彩をマンセル表色系に基づいて規制することで、住宅地の安らぎや潤いを担保するという無難な方策に収斂《しゅうれん》することが多い。

この背景には、高さ規制や壁面後退等であれば高度地区や地区計画等の手法が使えることと、形態・意匠の中でも色彩については、色相・明度・彩度を数値表現できるため具体的に指導がしやすいが、いわゆる様式美に関しては定量的記述が困難であることから、自治体担当者としても身構えてしまうことなどがある。

ただし、住宅地と商業地とでは、許容される色相・明度・彩度が異なるほか、商業地でも、街なかと郊外の幹線道路沿線では景観を阻害する屋外広告物のあり方に違いがあるため、色彩を重視するにしても、実際の景観形成基準づくりでは、知恵を出さなければならない。

このように見てくると、歴史的町並み等を有する自治体を除けば、現在定められている景観形成基準の多くは、どちらかといえば景観を意図的に創出するというよりも、景観阻害要因を緩和することに主眼が置かれているというのが実情である。

しかし、地域の歴史をていねいに紐解けば、普通のまちの何気ない景観の中にも、将来のために伝え残すべき景観の遺伝子が必ずあり、また、ゼロベースでまちを更新する場合でも、地域の知恵と総意を結集することで居心地の良い空間づくりに必要な景観形成の題材・素材を見出すことができるはずである。

私たちプランナーは、常にそうした可能性を念頭に据えながら、景観計画の策定に取り組んでいく必要がある。

神戸市岡本桜坂での住宅計画——なぜ斜面地住宅なのか?

NPO法人サスティナブルコミュニティ研究所所長
広島経済大学経済学部教授　川村　健一

岡本桜坂スタイルへの思い

世界には「地形を活かす」まちが多くあります。米国カリフォルニア州にあるティブロンは、広がる傾斜地に緑を多く残しながら、住民がお互いを尊重しあい語り合う、サンフランシスコ湾の眺望を楽しむ暮らしを創出しています。

そのような住宅地が日本にもあるといいと考えました。その思いをもとに住宅地が神戸市岡本に描かれました。岡本は近代以降のモダンな雰囲気をもったまちです。この地に、地形を活かし、文化や緑、人々が尊重しあい、語り合う、質の高いまちに、神戸、瀬戸内海の「眺望」を楽しむ暮らしをコンセプトとした住宅地が描かれます。

斜面地住宅地では「眺望」が住民にとって大きな財産になります。お互いの眺望を尊重しあい、神戸という日本有数のモダンで、歴史的な積み重ねをもった都市に暮らすということは、生活の質を向上させます。

また、眺望をエレガントに演出する豊かな緑も、その土地に昔からあった樹木をまちの木として活かすことを目指しています。地名である桜とそこにあった多様な樹木、それらは眺望と共にこの土地に大きな暮らしの価値を与えるでしょう。

岡本桜坂スタイルとは、地形が生み出す眺望や大切にすべき緑が生み出す暮らしのスタイル（A way of Life）と考えています。そうしたものを暮らしの価値として育てることが大切です。大切なのは「育み、育てること」です。

まちを育むことで、まちに育てられる。そんなまちがサスティナブルなまちなのではないでしょうか。そこには、連続的な時間の流れがあるでしょう。親から子へ途切れず、暮らしを受け継いでいけるようなまち。親が大切にしたものを子が、感謝と責任の気持ちで受け継いでいくことができるまち。そんな心のつながりも大切です。

斜面地という地形とのつながり、地域の緑である多様な樹木などの緑とのつながり、そして親子の想いのつながり。そうした多くの「つながり」によって、１００年後に受け継がれるようなまちの姿を目指そうとするのが岡本桜坂スタイルなのではないかと思います。目に見えない「つながり」をつくっていくために、斜面地という少し特殊な解は大切な要素になっていくと思います。

神戸市岡本桜坂での宅地造成工事（上）と竣工式の様子（下）

以下に、桜坂スタイルのガイドラインの一部を記します。

私たちが大切にしていること

私たちのＮＰＯは、持続可能な社会を次の世代にバトンタッチする、という目的・ミッションを掲げて活動しています。目指すべきは「環境、経済、地域社会、精神」の持続可能性が保たれている社会です。私たちは、現代社会が「環境、経済、地域社会、精神」の「つながり」を失っていることが問題と考えています。様々なものとの「つながり」を復活させること、私たちが大切にしていることです。

今回の岡本桜坂プロジェクトにおいて、私たちに協力の依頼がありましたことは、この私たちの大切にしていることに共鳴いただいたからと考えています。

岡本桜坂に住まわれる人たちが、岡本桜坂をコモンとして、様々なものと「つながり」、そしてシビックプライドを深めていく。結果として周囲の人たちがあこがれるような「１００年後も語り継がれる価値をもった岡本桜坂」の街並みが形成されていく、ことをイメージしています。

なぜティブロンか

私たちは、岡本桜坂での街並みづくりに必要な「デザインガイドライン（岡本桜坂スタイル）」の作成に向けて、２０１０年に川村が、アメリカの斜面地住宅で有名なティブロンやサルサリートの現地視察を行うとともに、斜面地住宅（景観まちづくり）で活用されているデザインガイドの収集を行ってまいりました。

入手した資料の中で、ティブロンの資料は、私たちが大切にしていることを網羅し、図解的で非常に参考になります。この資料をひとつの参考事例にして、斜面地住宅づくりに必要なデザインの方法づくり（デザインガイドラインづくり）をスタディしてまいりました。

ここでは、入手したティブロンの資料の中で、岡本桜坂スタイルづくりに活用できると考えるものを選択し、それをスタディして資料化しております。要素の選択のために考える大きなコンセプトは「つながる」「１００年後も語り継がれる価値をもった岡本桜坂」です（82ページ参照）。

「つながる」というコンセプト

繰り返しになりますが、私たちが最も大切にするのはサスティナブルコミュニティ（持続可能な社会）です。岡本桜坂がサスティナブルコミュニティを形成するために、「つながる」というコンセプトが重要と考えています。

地域の素晴らしさや、社会価値に積極的につながるような配慮事項をもっていくことで、新しい価値のある住宅地イメージを創造することを提案するためのスタディを行ってきました。

斜面地住宅という住宅地の住宅、街並みを考える場合に重要とするのは、一般的に「眺望」や「高低差」です。そのような与条件も含め、新しいライフイメージを「つながる」というコンセプトから考え、次世代に価値のあるライフスタイルの提案を目指すことが必要と考えました。

そこで「つながる」をメインコンセプトにしてサスティナブルなポイントとして

①地球環境（エコなどのキーワードも含む）
②自然（地域の自然や斜面地の特性）
③人と人（心のコミュニティ）
④地域らしさ（地域性）

の四つを設定しました。斜面地という特徴は自然環境に含めることとして、地域らしさは岡本桜坂から神戸市という歴史地区までの大きな広がりを加えて考えることが重要と考えます。

●デザインガイドラインを考える上で

サスティナブルコミュニティ研究所が街並みデザインガイドラインを考える場合に重要視するべきは、コミュニティ形成による持続可能な価値の実現である。そこで、ティブロンのデザインガイドラインをもとにして持続可能な価値づくりに寄与する項目について考える（100年後も価値を持ち続けるためのまちのために）。

●三つの大きな括りについて

ティブロンのデザインガイドラインは、単に建築物のデザインについてガイドラインを設定するだけではなく、地域の緑がどのように位置づけられるか、またどのように生かされるかなどの配慮事項がある。また、生活価値のための「眺望」に明確な配慮事項をもっている。これらの配慮事項は現在のティブロン住宅地の持続的価値にも大きな役割をもっている。

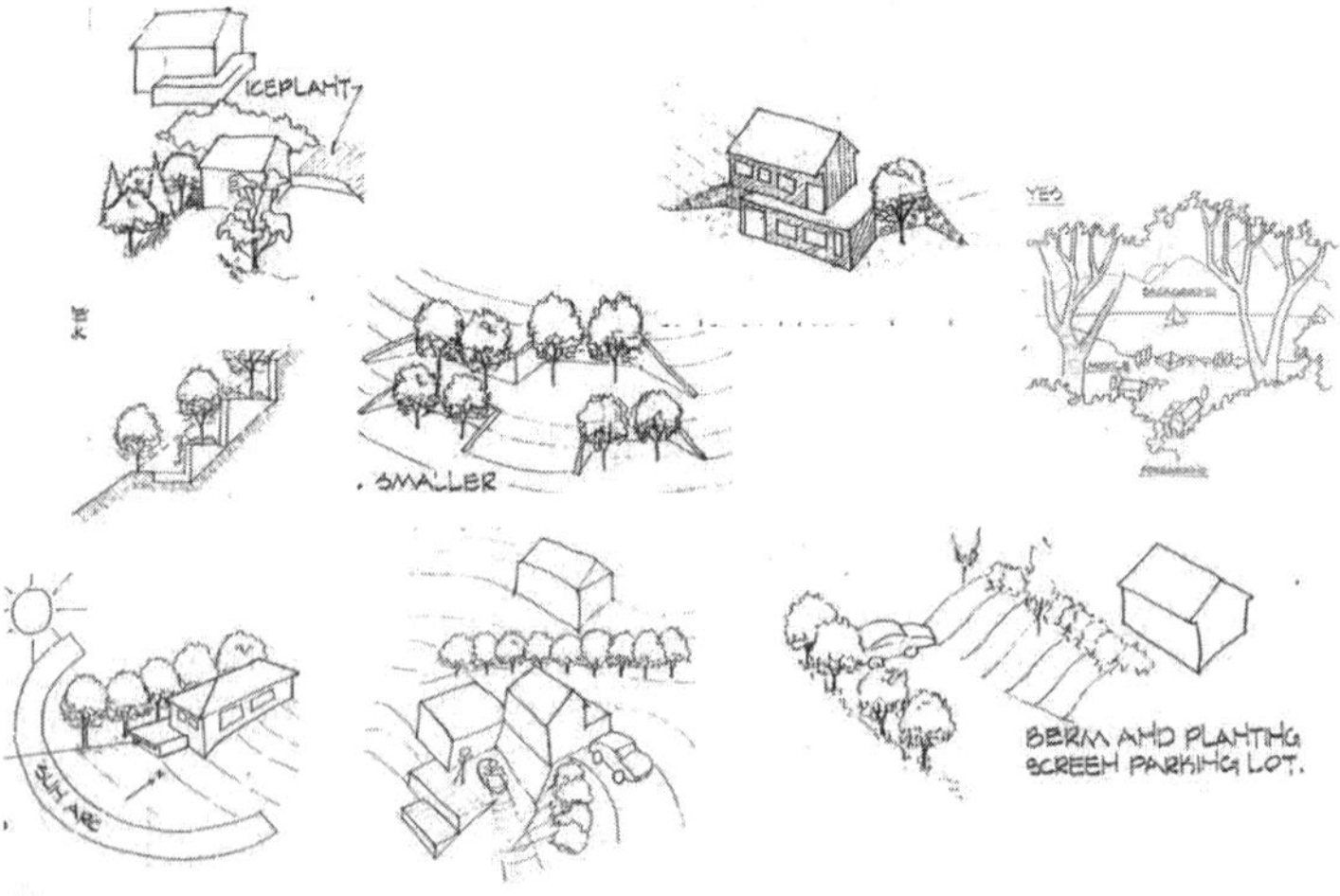

❶緑とのかかわり［Green-Policy］

ティブロンのガイドラインでは住宅地での緑の役割を大きく取り上げている。これは、緑を単に面としてとらえるだけではなく、緑（樹木）がもっている潜在的な役割を積極的に活用することを目指すものである。また、緑は育てるものである。緑を育てながら、よりよい生活環境としての住宅地を目指すガイドラインが示されていると考えていい

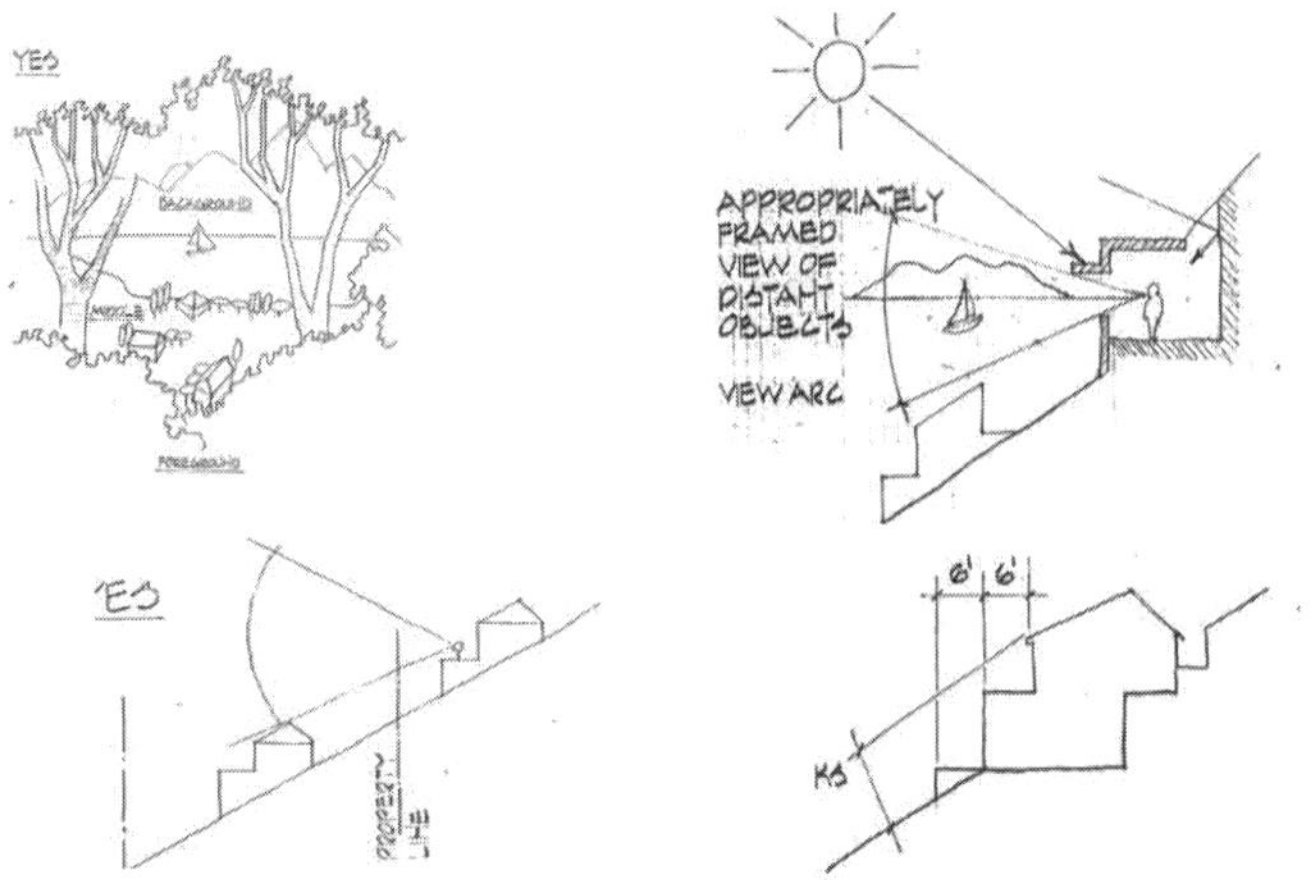

❷眺望の質を確保すること

斜面地住宅で大きな価値をもつと考えられるのが眺望である。眺望がプライバシーと大きくかかわるため、それに対する配慮は建築的に工夫すべきことで示されている。ここでは、眺望が生活の質として欠かすことのできないものであることを前提として、その質の実現の方向性を示している。ガイドラインで眺望を示すことで、ティブロンという斜面地住宅地に住んでいる人々は眺望という資産を共有するコミュニティであることを示している

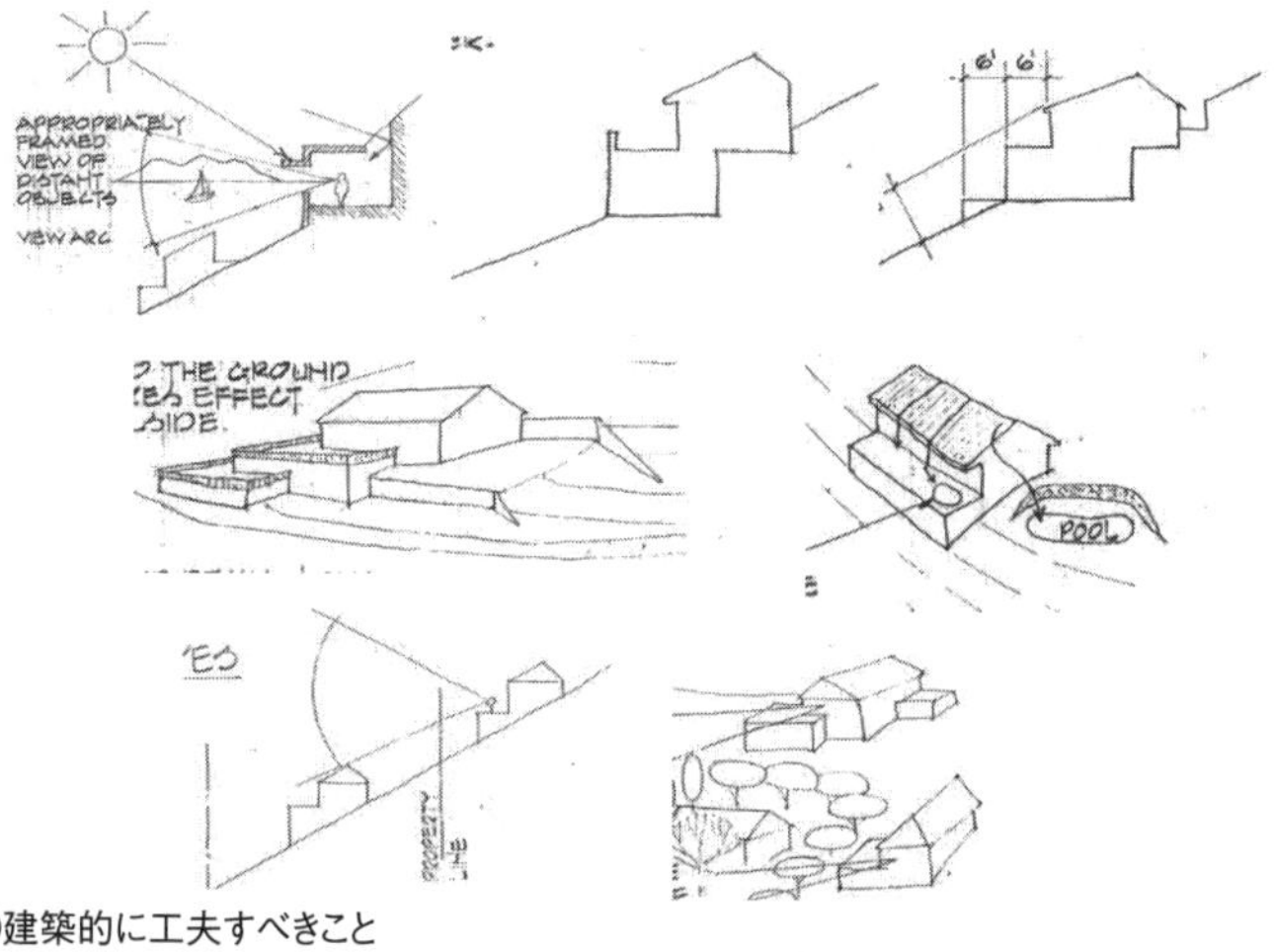

❸建築的に工夫すべきこと

建築的な配慮については、素材的、色彩的そして形態的な配慮としては調和を目指すことを主としている。「派手」や「目立つ」を避けて周囲環境と調和したデザインを薦めている。それに対して、重要と指摘しているのはプライバシーに対しての建築的な配慮である。斜面地住宅は「見下ろす」などの視覚的な行為が生じる。そういった行為によって、コミュニティでの人間関係に問題が起きることを建築的配慮でできるだけ避けることを目指している

東京都の「農の風景育成地区」の取り組み

財団法人都市農地活用支援センター理事・総括研究員　佐藤　啓二

都市農地の問題

私の住まいは東京郊外の国分寺市にあり、分譲住宅が軒を連ねる間にアパートが混在する、どこにでもある普通の住宅地です。

国分寺崖線《がいせん》上の台地は散歩すると、ところどころに未だ畑が残っており、さらに歩くと突然あきらかに古くからの地主の家と思しき豪邸に出くわしたりします。

広い道路沿いには紳士服チェーンの店やファミリーレストラン、生協の店舗といったロードサイドショップが並んでいますが、そこからちょっと入った農地で「体験農園」に参加し、園主さんや仲間と汗を流すのが私の週末のささやかな楽しみです。

現在の仕事につくまではわかりませんでしたが、今では国分寺のまちの何気ないこうした姿の中に、日本の都市の成り立ちと矛盾が潜んでいることが良くわかります。

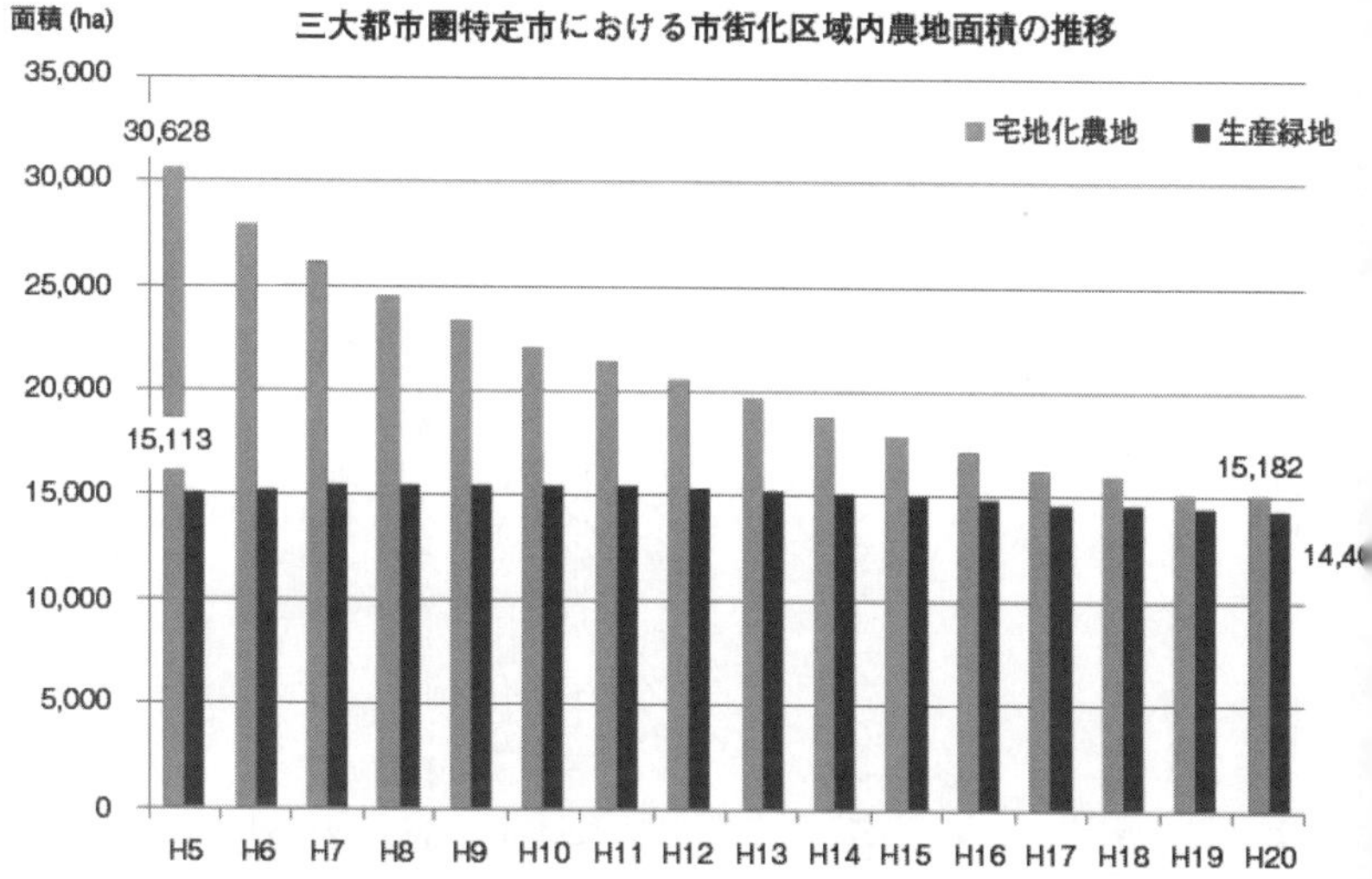

出典：「固定資産の価格等の概要調書」（総務省）および「都市計画年報」（国土交通省）を基に集計した

もともと農地・耕作地であったところ（より正確にいえば、戦後の農地解放で多くの新地主が誕生した状態）に都市化の波が押し寄せてつくられたのが日本の都市の大半です。できるだけ効率的な都市形成を図るため、市街化区域という制度がつくられ、都市の農地は相当減少しました。

今のように野菜が安く、農業生産が20〜50万円／10アール（反）という状況では、高い固定資産税などを負担するために総合的農家経営として、兼業や土地譲渡、アパート経営、借地などの不動産事業により現金収入を得なければ何ともならないのが実情です。

しかし、全体が宅地化する前に今度は人口減少がはじまり、食の安全の問題もあって、都民アンケートでは80％を超える人が農地はむしろ残すべきと答えるようになっています。

大勢としては、農地保全に大きく舵を切るべき時ですが、大都市の農地は減り続けるでしょう。それは結局、相続と後継者の問題です。

世代交代時に発生する多額の相続税負担に対応するため、処分しやすい農地が売却され、資材置き場に姿を変えたり、未利用のまましばらく放置されたりすることも少なくありません。

このような都市部の農地の現状は自治体にとっても、都市住民にとっても、大変困った状態ですが、特に平均年齢が70歳近くと高齢化が著しい農家にとっては深刻です。

しかし何しろ、農林水産省、国土交通省に、国税庁、総務省（旧・自治省）という大所がからんでおり、問題解決には長年続いた政策意思の変更が必要となるため、現在は膠着《こうちゃく》状況が続いているといっていいでしょう。

自治体のチャレンジ＝「農の風景育成地区」

こうした中、上が動かないなら下からということで、自治体側から一石を投じる様々な新しい動きが現れるようになっています。

本稿でご紹介する、２０１１年（平成23年）８月から始まった東京都の「農の風景育成地区」制度もその一つです。

この制度は、都市部において比較的まとまった農地や屋敷林が残り、特色ある風景を形成している

「農のある風景」は見る人の心に四季折々の様々な感慨、郷愁を呼び起こし、自然の風景と異なった感動を与えてくれる

地域を「農の風景育成地区」に指定し、将来にわたり「農のある風景」を保全・育成するとともに、都市環境の保全、レクリエーション、防災などの緑地機能を持つ空間として確保しようとするものです。

国分寺市でも江戸時代の新田開発の名残の見られる青梅街道沿いの地域は、道路に面して見事な屋敷林が連担し、背後に広大な短冊状の農地が広がる武蔵野らしい風景を形づくっていますが、「農のある風景」は農業生産という人々の営みやその歴史と深く結びついているため、見る人の心に四季折々の様々な感慨、郷愁を呼び起こし、自然の風景と異なった感動を与えてくれます。

国分寺から少し西に行くと、多摩川と浅川に挟まれた日野市の川辺・堀之内地区のように、豊かな湧水、網の目のように張り巡らされた用水路に支えられて水稲作が継続され、農村・農業の原風景をとどめている地区もあります。

都では、この「農の風景育成地区」の提唱に先立って2010年（平成22年）、都下の区市町村と共同で「緑確保の総合的な方針」を作成し、丘陵地、崖線、樹林地、河川、農地などの系統別に今後10年間に確保・保全すべき緑を明らかにしましたが、その中で目を引くのが農地を真正面から取り上げていることで、それが後のリーディングプロジェクトである「農の風景育成地区」の伏線になっているともいえます。

この制度によれば、一定程度の広がりを持つ対象地区について区市町村が「農の風景育成計画」を策定して都の指定を受け、その内容を地区住民などに広く公示することにより、農業者や地域住民などの様々な活動の指針が示されることとなります。

第1号の取り組み支援

その第1号を都内某区で検討することとなり、都の呼びかけにより、私の属している㈶都市農地活用支援センターが計画づくりのお手伝いをすることとなりました。

当該区は行政区域に山や大きな川がなく、緑やオープンスペースに占める農地の割合が大変高いことから、以前から緑や公園計画の観点に立った農地保全の検討が進んでいます。

対象として選ばれた地区は鉄道駅から徒歩15分程度の位置にあり、私も何度か現地を歩いてみましたが、畑や屋敷林が多く残されており、由緒ある寺社や点在する古墳もあり、四季に異なった「農ある風景」を感じさせる、閑静で大変住みよさそうな印象のまちで、隣接地区には水路の水を利用した水田を再現した大きな公園が整備されています。

都と区の都市計画部局、農林部局双方が一堂に会し、JA関係者、当センターの専門家（都市農地活用アドバイザー）も加わった3回の検討会を踏まえて練り上げられた対象地区の「農の風景育成計画」（案）は、様々な景観要素を景観に配慮した散策ルートでネットワーク的につなげるとともに、要所要所に農産物の直売施設をつくるなど、地区全体を農の雰囲気を醸し出すまちづくりを進めるという内容となっており、都市計画と農政の双方の施策がバランス良く盛り込まれたものとなりました。

構想図が未だ最終的に決まっていませんので、そのイメージをつかんでいただくために、制度発足に当たって都が公表したイメージ図を91ページにお示しします。

風景・景観という視点の重要性

冒頭記したように、都市農業の閉塞感という問題意識を持っている私にとって、このプロジェクトは次の点で大変大きな示唆を与えてくれました。

①都市計画、農政の縦割りを離れて、風景・景観という共通の切り口を用意することで、行政を含めた関係者が話し合う共通の土俵をつくり、相互理解と可能な手段の検討という共同作業ができること
②誰もが主体となれる風景・景観というアプローチの有効性
③風景・景観は個人の感性に基づくテーマであり、所属、経歴、専門性などに左右されることなく、議論に参加できること
④国の各省や団体の意向が絡み合って、変化の糸口の見出せない頑迷な都市農地の問題も、風景・景観という観点からは自由に議論し、提案することができること

この「農の風景育成地区」制度の使い方はいろいろあると思われます。

第1号の某区の場合は、並行して行政内部での実現手法の検討も進められ、堅実な計画となっていますが、この制度の意義を考えたとき、必ずしも実現手法がすぐに見つからない場合でも、市民を中心に関係者が共通のテーブルについて、風景・景観のあるべき姿を議論し、将来の方向を示すという取り組みも試みられていいのではないかと思います。

某区に続いて、第2号、第3号の取り組みが現れてくることを大いに期待しています。

農の風景育成地区
屋敷林の保全
所有者の協力を得て、屋敷林を特別緑地保全地区に指定することで、緑地を担保
地域交流の場としての農地の活用
農業者の協力を得て、防災協力農地として災害時の避難の場として活用
地域への普及啓発
散策ルートや直売所を紹介するマップを作成し、広報
農地の保全
散在する農地を一体の都市計画公園に指定することで、営農継続が困難となったときに農業公園として整備
農地
屋敷林
公園
水路
散策ルート

花の風景による震災復興とふるさと再生〈花咲か爺婆《じじばば》作戦〉

神戸国際大学教授　白砂　伸夫

東日本大震災は未曾有の被害をもたらした。マグニチュード9という予想すらされていなかったプレート地震と津波は、福島第一原発の爆発という二次被害を引き起こした。想定外という簡単な言葉では片付けられない、そこに住まう人々にとっては「故郷喪失」という、人間が生きていくことの根幹にかかわる問題をも引き起こしている。

復興計画はようやくまとまりつつあるが、まちの機能を取り戻すまでには長い道のりが予想される。またこの復興計画と人々の受けた肉体的、精神的被害からの回復の間には、大きなギャップがあるように思われる。

たとえまちが再生されたところで、以前と同じような楽しい、温かい家族の団らんに囲まれた生活は戻ってくるわけではない。失った家族への思いを断ち切るどころか、日増しに刺が皮膚の奥深くまで食い込むように、心の奥底まで貫く痛みを被災地の人々は声を押し殺して耐えているのを、遠くに感じ取ることができる。はたして私たちに何ができるというのか。

復興されるまちや村の計画を見ると、以前のまちや村とは打って変わったものに変貌している。今後、予想される再び襲ってくるであろう地震や津波のことを考えると、このような新しいまちづくりは必要かもしれないが、多くの計画は人々の気持ちとは懸け離れているように思われる。

そのような新しいまちや村で新しい生活をスタートさせることは可能かもしれないが、しかし、それでも放射能の高濃度汚染地区に留まろうとしている人々や、助かったのに自ら命を絶つ人が後を絶たないのは、やはり家族と長年暮らしてきた場所というものがいかに人間にとってかけがえのないものであるか、ということを私たちに教えてくれる。

神戸市の議員である知人が、阪神・淡路大震災の後に語った言葉が忘れられない。「阪神・淡路大震災でまちは灰燼《かいじん》に帰し、華やかで賑やかなまちや楽しかった思い出は、きらびやかな色彩とともに消え失せ、見える全てのものはグレーと茶色だけの世界になった。春の訪れとともに、草が緑色の芽を出し、黄色いタンポポの花を咲かせた。タンポポの明るい黄色の色彩の中に楽しかった、かつての神戸の姿が蘇り、生きている実感、生きている喜びを感じた。生きている実感や喜びは、地震で倒壊した家屋の中から生還したときの感動とは比較にならないほど大きかった。小さな一輪のタンポポの花に、これからの全ての未来の希望が仮託されているという喜びを感じた。この小さなタンポポにこれほどまで私を勇気づけてくれる力があった」と。これからはハードな施設を建設するだけが時代の要請ではなく、このような花のパワーを利用したまちづくりを考えないといけない時代であると力説されていた。

タンポポの花が放つ生命力とシンクロナイズし、生きる勇気に変換させる能力を人間の精神は持っているのだろうか。もしそうであるなら、東日本大震災で家族を失った方々、帰る家をなくしたお年寄りの方々を、この花のパワーで癒すことが可能ではないだろうか。すでに東北に花を植える団体や個人レベルでの取り組みが始まっている。そのような運動も被災された方には大きな励ましとなるだろう。

ここで私が提案したいのは、もっと大きなスケールで東北全体のイメージを変えるような壮大な花の風景、フラワーランドスケープの展開である。被災地全体を花による美《うま》し国に変貌させるのである。放置された農地、塩害にあった農地、放射能に汚染された農地、津波によって跡形もなくなった市街地、整地はされたが復興まで放置される空き地、これらの場所を花いっぱいにするのである。一面に広がる花の咲き乱れる風景は、きっと被災された方々の心の大きな癒しとなり、縮こまりがちな人々の気持ちを解き放ち、未来への希望を喚起してくれるのではないだろうか。

花はとるに足らない存在ではあるが、被災地全体という大きなスケールで展開することにより、東北のイメージそのものを転換し、新たな国土へと発展させるのである。生命の発露としての花の力を信じてみたい。花に包まれた風景は新たな観光資源となり、多くの人々を東北へ誘うに違いない。

しかし被災地の大面積をカバーすることは、不可能に近いと思われるかもしれない。確かに今までの公共事業の手法では、道路沿いの花壇の維持ぐらいが精一杯だろう。そのためには新しいアイデアと知識、それを実現する人材も不可欠である。その新しいアイデアと知識をここでは紹介したい。

花咲か爺婆《じじばば》作戦である。

一つは種を蒔き、大面積に花を咲かす方法である。種を蒔いて花を咲かすこの方法を童話にある「花咲か爺」にならって「花咲か爺《じじい》作戦」と呼んでみよう。

3月11日の震災のあった日、寒い東北でも一面に花を咲かせ、春の訪れをいち早く告げるには、寒咲ナノハナがうってつけである。ナノハナは東北の田園の原風景でもあり、人々が失った思い出の一部を鮮やかに蘇らせてくれるだろう。ナノハナだけにとどまらない。ナノハナのあとはポピーやヤグルマギク、真夏はヒマワリ、秋はコスモスと、四季それぞれにフラワーランドスケープを展開する。花で溢れた東北の映像は、東

ナノハナ畑

北の再生を世界にアピールする有力なツールともなりうる。

花咲か爺作戦は、花咲か爺さんのように種を蒔くだけなので、誰でも簡単に参加でき花を咲かせられる。巨大投資は必要とせず、種を蒔いて半年もあれば一面に花を咲かすことができる。

そればかりではない。花づくりをとおして地域のコミュティの活性化につなげることもできる。花を育てることが生き甲斐となり、花づくりが波のように東北全域に広がっていく。全国から駆けつけてくれたボランティアの方々と、花が咲いた時には、共に喜びを分かち合える。風評被害で販売が落ち込んでいる農作物にとって代わって、咲いた花を販売するという花の農業も考えられる。一面に咲いていているお花畑の花を摘みに行くという観光ツアーも企画できるだろう。こうして日本中の人々が花による美し国づくりに参加するのである。

もう一つの方法は、農家の花の庭づくりに学ぶ方法である。農家の高齢の主婦が花づくりの主体であることから、これを「花咲か婆《ばばあ》作戦」と名付けよう。花咲か婆は爺に比べるともっとしたたかである。金も労力もかけずに花を持続的に咲かすという裏技を持っている。

いかに農家の主婦が花づくりに取り組んでいるか調査した具体事例を紹介する。近畿地方の滋賀県、京都府、兵庫県の4カ所各集落の20軒の農家を選定し、2010年から2011年にかけて調査したものである。農家の庭にはいつも何らかの花が咲いており、農家の原風景の一つになっている。花の栽培種も栽培方法も一般家庭で行われている園芸とはずいぶん違っているように見える。そこで農家の花栽培について、どのような種類の植物が栽培され、その栽培方法についても調査した。農村のフラワーランドスケープの担い手は、ほとんどが50歳以上の農家の主婦であった。栽培されている花の種類は20軒の農家の合計で169種におよび、そのうち宿根草が135種あり、全体の80%を占める。調査した当年には宿根草を購入した農家はなかったにもかかわらず、宿根草が大きなウエイトを占めていた。

公共事業の花壇に植栽されている品種と比較すると違いが明瞭になる。公共事業では1年に2回から4回の植え替えにより花壇が維持されており、そのほとんどが一年草である。ときには宿根草が植栽されている場合もあるが、多年性という特徴は生かされず、花が終われば引き抜かれ、新しい草花に植え替えられる。公共花壇で植栽される品種はせいぜい20種程度ではないだろうか。農家に栽培されている169種と比較すると品種数には圧倒的な差がある。

農家の庭にかける費用は75%が1000円以下であり、5000円以上の費用をかけている農家はなかった。園芸にかける費用を農家と一般家庭と比較すると、2001年度（平成13年度）の「家計調査報告書」では、一般家庭の50歳代の園芸支出額は1万2000円とあり、農家の主婦の花にかける費用は極端に少ないことがわかる。

花の維持管理時間も聞き取り調査の結果、「1日10分からときどきしている」という農家が90%を占め、ほとんど農作業の片手間に適当におこなっているというのが現状である。ガーデニングで花を栽培している人たちが、花を慈しみガーデンで長い時間を過ごすこととは対照的である。

　農家で栽培されている植物の種類にも特色があり、園芸で栽培されている植物とは異なっていることがわかった。園芸で一般的に栽培されている宿根草の多くは品種改良が進んでいるもの、あるいはヨーロッパなどの海外で改良された品種が主であり、宿根草といっても亜熱帯のような高温多雨になる日本の風土に耐えきれず枯死してしまうものが非常に多い。農家で栽培されている宿根草は前述したように、多くの品種が栽培されているにもかかわらず、調査年度に購入されたものはなく、長年にわたって栽培され続けている品種が淘汰され残ってきたものである。

　このように宿根草といっても園芸で栽培されている品種と農家で栽培されている品種には大きな

農家の花の庭づくりに学ぶ

違いがある。たとえば、タチアオイは、改良された園芸品種のホリーホックと称されるものは販売されているが、農家の庭で一般的に栽培されている一重のタチアオイは園芸店ではほとんど販売されていない。日本に自生しているシオンも、農家の庭ではごく普通に栽培されているにもかかわらず、園芸店にはない。アルストロメリアやビオラは、一般的に販売されているものと農家で栽培されているものとは性質や形状が異なっていることがわかった。

農家の庭で長年栽培されている間に先祖帰りし、形状も原種に近くなり、繁殖能力を復活させたり、耐寒性や耐暑性が増すようになり、本来の性質を再獲得するようになっている。一言でいえば、野生種に近くなっている品種が残ることで、農家特有の品種群が形成されている。

農家の主婦は日常生活を切り盛りしなくてならないので、忙しくて植え方のデザインも凝っている暇はない。空いたところに適当に植え足していくので、いろいろな植物を雑多に植え込んだ混植にならざるを得ず、自然生態系のような種間の競争が生じ、弱いものが淘汰され、強い植物だけが残されて花壇の持続可能性が必然的に高まっていく。

このように日本のハイソな主婦の憬れであったイングリッシュガーデンのような宿根草の混植ガーデンを品種こそ違うが、金も、時間も、手間もかけずに実現しているのである。まことに農婆《のうば》、恐るべしである。

考えれば、これは当然のことである。農家は植物を熟知し、常に植物をきめ細やかに観察し生長を見守り、自然と戦い、いかに共生できるかということを千数百年にわたって維持してきた。これが日本の農業である。いわば農家のフラワーランドスケープは農家の長年にわたる知恵の結晶として成立している。農家の知恵を生かすことで、持続性のあるフラワーランドスケープを実現させることができる。そのフラワーランドスケープを主導するのは地元の農家のおばちゃんたちである。

短期間に大面積のフラワーランドスケープを展開するには「花咲か爺作戦」が適しており、長期的に金をかけず、簡単な手入れだけでフラワーランドスケープを維持していくには「花咲か婆作戦」が適している。この爺婆の両作戦を地域の状況にあわせて展開し、さらに持続可能性を獲得することで、美し国の実現をめざしたい。

本当に素人に花づくりができるかと疑問を持たれる方のために、一つの事例を最後に紹介しよう。次ページの写真は私の大学のキャンパスの風景であり、学生がこのチューリップガーデンをつくった。私の所属する神戸国際大学は経済学部とリハビリテーション学部の2学部で構成されており、花とはまったく無縁で園芸クラブがあるわけでもない。それでもこれだけのチューリップガーデンをつくることができる。それも1000球の球根を植えるのに要した時間は1時間である。

普通チューリップは1球ずつ丁寧に植えていく。園芸書には球根の間隔、植える深さが指示してあり、1000球を植えるとなると膨大な手間と時間を要する。この場合は芝生を剥ぎ、土を鋤《すき》取り、肥料を入れ、その窪地に学生がいっせいに花の色も何も考慮しないでチューリップの球根を投げ入れ、土で被覆する。それだけで、春にはこのように立派にチューリップの花が咲くのである。

大規模なフラワーランドスケープを展開するためには、今までの知識だけでは難しく、発想の転換、自由な精神、それに失敗をおそれない勇気が必要である。被災地に一面に花が咲き乱れる風景をイメージできさえすれば、実現することはさほど難しいことではない。

美し国は目の前にある。

この「花咲か爺作戦」と「花咲か婆作戦」の二つの方法を時間軸の中で地域の状況に合わせ使い分けることにより、花の美し国を東北に創立する。

神戸国際大学のキャンパス

西湖十景に学ぶ風景づくり
――破壊と建設、防災から美の創造へ

造園家　進士　五十八

3・11の津波と地震の強大な破壊力を目の当たりにして、公共事業の在り方を根本から考えなくてはならないと本気で考えた。

復旧、復興の最終形に〝美と地域性〟を置いて、造園家（ランドスケープ・アーキテクト）の経験と知恵を紹介したい。

日本三景のひとつ、安芸の宮島、厳島神社の背後、弥山から流れ出る水は強烈で、昔から治山治水に取り組んできた。砂防工事、治水のための護岸工や落差工に、地場の花崗岩の自然石を上手に活用して、また周囲の植栽、境内ちかくで参拝客の多い場所柄を考慮して〝庭園風の石組〟で修景し施工した。いままでは、「宮島の紅葉谷公園」として知られている。

いわゆる土木ではなく、造園風の治山治水工事の先駆例である。

思えば近代以前、土木、建築、造園などに職能分化する以前は、紅葉谷修景手法は当たり前であっ

た。用と景、用と強と美は、日本人の環境づくりの基本中の基本だったからである。現場の状況と要請される機能が、治水か交通か農業生産か居住条件の改善か、などを踏まえて工法、構法、意匠、材料を考えるのは、日本人の知恵、百姓の見識というものであった。

私はかつて『ランドスケープを創る人たち』(プロセス・アーキテクチュア、1994)という造園家の作品論を上梓した。そのなかで先輩の造園家、伊藤邦衛氏の仕事ぶりに〝日本人の知恵と技術〟が脈々と流れていることを発見した。

氏いわく、「昔の土木工事は、宅地や農地の造成でも道普請でも、〝破壊と建設は表裏一体〟であった」例えば、「切りとった土砂で土坡《どは》を築き、発生材で石垣を組み、伐《き》り倒した木で乱杭や階段を造った。だから郷土色も出たんです」。

伊藤氏の作品に南予レクリエーション都市の「南楽園」がある。愛媛県宇和島市の海水まじりの湿地帯を美しい日本庭園に甦えらせた。氏は、県の関係機関に土木工事などでの廃材、発生材を依頼し、例えば1万3000トン、8000個の岩石を、庭石として組み、名園に仕上げた。1984年に完成している。

瓦礫や廃材の活用は昔からある。関東大震災では、横浜の海岸線に瓦礫を埋め立て「山下公園」を復興公園として完成させ、いまでは〝神奈川景勝50選〟第一の名所として知られている。

仙台平野の海岸松原が破壊されたが、復旧にあたってはスーパー堤防方式で瓦礫処理でかさ上げして、新生海岸松原を創造すべきである。そうすれば、住民が牢屋のようだと嫌がるコンクリート防潮堤に代替できるだろう。

新宿の京王プラザホテルの外構は、造園家の深谷光軌氏が〝武蔵野の雑木林風景〟を再現しようと計画したものである。淀橋浄水場があった場所でのホテル工事でコンクリートやレンガ片が多く、氏はこれを地下に埋め覆土して植栽基盤をつくった。地中の土壌に気相が確保されるので、雑木の発根が良く、樹林の生長にプラスしたと私に語っていた。

東京湾夢の島、ミュンヘンのオリンピック公園、ソウル空港ちかくの大規模ゴミ埋立跡地公園など廃材活用の成功例は世界に多い。

次に、公共事業のすすめ方に〝美〟の観点を持ち続けてすることの重要性を、中国の杭州市の西湖十景を例に強調したい。

杭州の「西湖十景」を中心とした国家風景区は2011年、世界文化遺産に指定されたが、年間5000万人の世界的観光地である。これだけの人々が集まる杭州西湖の風景づくりは洪水対策から始まるのだが、その後、複数の政策が重ねられ総合的に進められたということ、しかも事業に当たって〝画題・詩題〟となるような気配りがあったということである。被災地を原状に復旧するだけでなく、その土地のポテンシャルを生かして新たな価値を生み出すことこそ復興と呼べる公共事業の使命というものであろう。

杭州市の長官の役目は、市域の西にある湖底の浚渫《しゅんせつ》により水深を確保することであった。長官には詩人の白楽天、蘇東坡。彼らは、浚渫土で白堤、蘇堤と名付けられる直線の堤を湖中を突っ切る形で築いた。市街地と対岸の村をつなぐ交通路の整備を兼ね、堤には楊柳《ようりゅう》の並木を植栽して日陰と美化を兼ね、堤の処々にはアーチ橋を架け内水面漁業の舟の往来と遊覧を確保、周囲の山々にはランドマークとなるような塔や寺院を建てた。こうして洪水、交通、緑化、漁業、景観対策など諸対策を進めながら、いつでも絵画や詩のテーマとなる〝美しさ〟を追求したのである。

わが国を代表する画家、雪舟も杭州で絵を学んだし、今でも杭州市には大勢の芸術家が集まり美術大学も多い。

被災地復興はもとより人口が縮退化するこれからの日本は、美しく個性的で自然的景観を基調としながらも文化的景観や歴史的景観が一体となった風土性と地域らしさの魅力で、世界からの来訪者を迎え、住民には〝わがふるさと——プライド・オブ・プレイス〟を感じさせる地域づくりを目指さなければならない。そのためにはトータル・ランドスケープを目標とし、デザイン・ウィズ・ネイチャー法で事業を進めなければならない。

すぐれた設計者・コンサルタント選定による こどもにやさしい国・都市・地域づくりと 美しい国・都市・地域づくり

公益社団法人こども環境学会代表理事
東京工業大学名誉教授　仙田　満

２０１１年3月11日に発生した東日本大震災はわが国の都市・地域づくりにきわめて大きな課題をつきつけている。復興では、その視点は安全や経済という課題が突出している。それはまた極めて大きな問題ではあるのだが、その二つの問題に埋没することなく、大きな二つの視点について強調しておかねばならない。その二つとは「こどもにやさしい国・都市・地域づくり」と「美しい国・都市・地域づくり」である。

我が国の国土は地球表面積の０・25％で、地球上で毎年起こる地震はほぼ４００、そのうちほぼ１００、すなわち25％程度が日本で起こるといわれている。日本は世界の平均的な場所と比し１００倍も地震被災率の高い国なのだ。地震以外にも台風、大雨、豪雪、火山噴火など自然災害の多い国である。

そのような国に生まれ育つ日本人は勤勉で、自然に耐え、自然の変化をいつくしみ、自然とともに生きる文化を育ててきた。困難はいつの時代でも来る。偶然ではなく、その頻度は少なくない。その困難を常に乗り越え、克服できる人として先人たちは生きてきたのではないかと思える。

我が国がサスティナブルであり続けるためにも、こどもたちがそのような困難に挑戦し、元気に育つ国・都市・地域にするというのは私たちの重要な課題だと思える。

こどもは親を選べないと同様、生きる場を選べない。安全や経済のみを中心にハードな都市・地域が復興しても、そこにこどもたちが元気に生活する場がなくては、その地域・都市はサスティナブルにならない。こどもたちがいない国・都市・地域では衰退のみが待ち受けるだろう。

親の生活を安定させることは重要である。しかしだからといってこどもたちが群れてあそぶ場もなく、住宅や駐車場がつくられて良いはずはない。こどもたちにとって仮設の生活というのはない。こどもたちは1回しかないこども時代を生きているのである。

私たちはこどもが元気に育つために、復興にこどもたち自身を参加させる試みを提案している。私が代表理事を務めるこども環境学会は２０１１年、こどもにやさしい都市復興のための国際コンペを企画した。12歳以下、18歳以下、24歳以下、それ以上の大人・専門家という四つの年齢層に分けたデザインコンペで、１８０もの案が応募された。

特にこどもたちは真摯《しんし》にこの問題に取り組み、すぐれて、また楽しい案を提案してくれた。こどもたちの住む地域・都市に対する愛と住み続ける意志にこたえるためにも、こどもたちに復興に参加してもらうことは重要である。福島県の調査では、災害にあった後のほうがこの場所に生き続けたいと思うという高校生が多くなったという結果が出たと報告されている。困難は常にあるのだから、それを乗り越える環境づくりこそ支援しなければならない。

もう一つのキーワードは美しい国・都市・地域である。世界中が被災地の復興に注目している。その中で見事に美しく復興していかねばならない。そして被災した東北のそれぞれの都市・地域は国立公園のみならず景観的にも優れた場所が多い。観光地としてのポテンシャルが高い場所である。美しい地域にすることに新たな観光のビジネスチャンスが生まれ、その波及効果は多くの産業の活性化につながっていく。

それがまた、こどもたちが元気に育つ環境ともリンクしていくこととすべきだろう。被災地を新たな巡礼地とすべきである。多くのこどもも、若者も日本人として修学旅行という形をとっても、被災の状況、被災から立ち上がる都市・地域の様子を見守り、また災害を学習し、それを継承させる拠点をつくり、それらがネットワーク化されることによって、新たな美しい巡礼地がつくられるべきである。

3・11の災害はとてつもない災害だった。だからこそ被災地を巡礼地とし、亡くなられた方々の魂を鎮魂し、幸せな未来を祈り、世界の人々に美しく復興する姿を見守っていただきたい。

避けるべきことは〝とりあえず〟という長期的視点をもたない拙速な開発が行われることである。我が国の発注システムとして「設計入札」という世界で類を見ない金額の多寡で設計者やコンサルタントを決めてしまうシステムが展開されることを恐れる。そのような設計入札ではこの復興の結末は恐ろしいほどの景観的にみにくいものでしかないことが予想される。

会計法でも随意契約は許されている。設計入札をする必要はない。コンペやプロポーザルがもっと数多く行われ、被災地に知恵の支援をしたい人を集めるべきである。デザイン、アイディアによって競争をさせ、美しい環境をつくることができるすぐれた設計者を選ばねばならない。それによって美しく復興する都市・地域をつくっていく必要がある。評価する人材がいないならば、学会や大学に依頼すればよい。評価を通して支援したいと考えている人も我が国にはたくさんいるはずだ。時間を言い訳にせず、この機会だからこそ設計入札などという景観価値、環境価値をつくらない社会システムの息の根をとめよう。

我が国は資源のない国である。技術、デザインによって世界に貢献するしかない。そのためにも創造性を喚起する社会システムをつくり、この復興の中で、すぐれて美しく、こどもが元気に育つ環境がつくられねばならない。

美《うま》し国づくり・景観づくり――その推進の視点

日本造園建設業協会常任顧問
日本造園学会副会長　髙梨　雅明

景観づくりを広い視野で

美し国づくりと景観づくり

第2次世界大戦により荒廃した国土の復興段階から、その後の経済発展を支える基盤づくり、さらには国民の生活基盤づくりの段階に至るまで、わが国の社会資本整備は一貫して機能性・効率性・経済性の確保に重きをおいてきた。その方向を大きく舵を切り、「美しさ」や「快適性」といった新たな価値観のもとに国土・都市・地域づくりを指向するのが「美し国づくり」である。これを推進する上で、大きな役割を担うのが「景観づくり」である。

長い歴史の中で、先人達は地震、津波、噴火、豪雨などの自然の猛威による災害や戦争、内乱による破壊的行為といった不幸な出来事を乗り越え、豊かな自然の恵みを育みつつ、逞しく生き抜く執念と創造力、技術力をもって生活・経済・文化などの諸活動を展開し、今日の繁栄の礎を築き上げてきた。今ある景観はこれらの蓄積を表す姿として受け止めることが大切である。

景観づくりの視点

景観づくりにあたっては、景観を自然の移ろいと人の営みの総体としてとらえ、自然環境、経済環境、生活環境はもとより、大地に刻まれ息づく歴史・文化環境を含めて包括的、俯瞰的に認識し、その特色を活かしていく必要がある。景観法の対象地域は国土全体に及ぶが、法益は当然にある一定の範囲にとどまる。景観づくりは建築物や構造物の形態、意匠といった側面に限定することなく、広い視野に立って推進することが肝要と考える。国土形成、交通、治山治水、環境保全、産業振興、文化振興、文化財保護、防災・減災などの幅広い政策領域との連携のもとに「美し国づくり」を展開する指向性を持たなければならない。

２００４年（平成16年）に「景観・緑三法」が制定されてから、早いもので8年が経過した。全国各地で地域の特色を活かした取り組みが進んできたことは、大変喜ばしいことである。そこで、さらなる展開への期待を込めて、いくつかの視点をつづってみた。

ランドマークを大切に

日本百名山に学ぶ

それぞれの地域には、地域を象徴するランドマークが存在する。その一つが山や山並みである。深田久弥は、日本の多くの山を踏破した経験から、次のような選定基準により「日本百名山」（新潮文庫）の選定を行っている。

基準1：山の品格……（厳しさ、強さ、美しさなど）誰が見ても立派な山だと感嘆するもの
基準2：山の歴史……昔から（人々が朝夕仰いで敬い、その頂に祠を祭るような）人間と深いかかわりを持った山
基準3：個性ある山……形体であれ、現象であれ、ないしは伝統であれ、他になく、その山だけが具《そな》えている独自のもの
付加的基準…………おおよそ1500メートル以上の高さ

この品格、歴史、個性、規模（高さ）という選定基準は、景観づくりにあたっての共通価値を考える際に大変参考となる。

戦災復興と山当て

日本百名山は代表的なランドマークであるが、それ以外にも地域で親しまれている個性的なランドマークが数多く存在する。

わが国の主要都市は、第2次世界大戦末期に空爆を受け、焦土と化した。わが故郷「八王子」は、1945年（昭和20年）1月27日から2月27日にかけて再三小規模な空襲を受けていたが、8月2日未明に米軍爆撃機B29による大空襲を受けた。約2時間にわたる空襲で市街地の約80％が焦土となり、死者445人、負傷者2000人以上、被災人口7万人、焼失家屋1万4000戸の大惨事となった。1600トンの焼夷弾が投下され、3月10日の東京大空襲の総投下量1665トンとその投下面積を比較しても、密度の高い爆撃であったことが記録に残されている。

終戦後に実施された戦災復興区画整理事業において、現在のJR八王子駅北口駅前広場の左右両側に放射状の街路が整備さ

空襲をうけた八王子の街並み（昭和20年10月斉藤五郎氏撮影）
総務省　一般戦災ホームページより

れた。駅前広場を起点として、東側の放射線は南西に位置する日本百名山の一つ富士山に、西側の放射線は北西方向の大岳山（地元ではその山容からキューピー山の愛称で親しまれている）に向けて軸線が設定された。いわゆる「山当て」である。

山当てを活かす

「山当て」は、城下町などのまち割に際し、周辺の神聖な山、高い山や城、寺社などが軸線上にくるように基軸を定める手法である。この手法は都市の骨格構造の形成、アイストップとなる遠景の山などによって意味づけられた象徴的な道路空間の創造などをねらいとしている。

焼け野原となった八王子市街地からは、日本百名山である富士山や丹沢山、さらには道志から奥多摩に連なる山々がさぞかし間近に見えたに違いない。しかし、今は東・西放射線からは富士山、大岳山を見通すことができない。また戦災復興を象徴する様相を備えた道路空間とはなっていない。

その一方で、八王子と同様に戦災復興区画整理事業を実施した仙台市では、青葉通りや定禅寺通りに立派なケヤキ並木を育み、杜の都仙台を代表する景観回廊を創り出している。その差に愕然とする。戦災復興の過程で景観を意識する余裕がほとんどなかったことは想像に難くないが……。

山当ての手法は、戦災復興区画整理事業以後の都市開発などにも適用されている。富士山に山当てする取り組みは、多摩ニュータウン内の桜並木が美しい富士見通りや西武池袋線東久留米駅南口側の幹線街路などでも行われている。また東名高速道路の設計にも反映されている。いずれも四季折々の富士山の雄大な姿や素晴らしい景観を実感でき、見飽きることがない。

古くから全国各地で用いられてきた「山当て」の手法とその意図がいつまでも忘れ去られることなく、景観づくりの中に活かされ、奥行きと深みのある魅力的な景観回廊が創造されることを期待したい。

変化・動きを大切に

近江八景の凄み

今から17年前から3年間住んだ滋賀県大津市は、素晴らしい景観に接することができる魅力的な都市である。わが国で一番大きい湖である琵琶湖。その湖岸沿いに琵琶湖総合開発の一環として整備されたのが「なぎさ公園」である。故山田豊三郎大津市長の「市民誰もが水辺を楽しみ、憩うことができる空間を是非とも実現したい」との熱意が、市民の共感を得て結実した公園である。その場に立つと、水と緑の豊かさを実感する美しい景観を手に入れることができる。

古くから親しまれている琵琶湖岸の景勝地を示す「近江八景」。11世紀の北宋の画家宋迪《そうてき》が湖南省の洞庭湖付近の景勝を描いた「瀟湘《しょうしょう》八景」を模して選んだといわれている。これは景観評価の一例として見なすことができる。

比良暮雪、堅田落雁、唐崎夜雨、三井晩鐘、矢橋帰帆、粟津晴嵐、瀬田夕照、石山秋月。その構成要素をみると、①地形：比良山、瀬田川、粟津原　②季節：冬、秋　③天候：雪、雨　④気象現象：晴嵐、夕照　⑤生き物：雁、松　⑥寺社：浮御堂、唐崎神社、園城寺、石山寺　⑦交通：港、舟、橋　⑧時刻：夜、晩、夕　⑨音：晩鐘　⑩光：夕照、秋月――と実に多種多彩である。歌川広重の「近江八景」にはこれらが見事に表現されている。加えてランドマークである比叡山、近江富士や街道を行き交う人々、家並みなども描かれている。

このように景観を構成する要素を幅広く、かつ刻々変化し、動きあるものとしてとらえる近江八景の主題の選定眼には、驚くばかりか凄みさえ感ずる。

変化・動きを活かす

近江八景は、景観の共通価値について、多くの示唆を与えてくれる。その一つが景観構成要素としての時刻、季節、天候、光などの「変化」や人々、鳥によってもたらされる「動き」の重要性である。主たる景観構成要素が建造物や構造物の場合であっても、それは決して静的なものではなく、太陽から差し込む光の変化、天候の変化、季節の変化などによって、あたかも生き物のように表情をいろいろ変える動的な存在なのである。

洋の東西を問わず、絵画の世界では「光」のとらえ方がテーマの一つである。印象派の画家達は、木立を通した光の変化、すなわち木漏れ日を巧みに表現したといわれている。ゴッホがオランダ在住時に描いた絵は本当に暗く、フランスに出てからの絵は明るく輝いている。この変貌は日本の浮世絵の影響であることを高階秀爾先生（現・大原美術館館長）からうかがったことがある。日本画は庭から差し込む光の変化を計算し、多様な印象を醸し出す。このように絵画の芸術的・美的価値は、光によって変化する色彩の表現力に大きく影響されている。

景観を静的なものとしてとらえるのではなく、景観づくりに、例えば朝陽にキラキラ輝く海や川面、夕日に浮かぶ山並み、家並みのシルエットといった光の変化、春は桜、夏は不如帰《ほととぎす》、秋は紅葉といった四季の変化などの「動き」を盛り込んだ演出や工夫がなされることを期待したい。

緑を大切に

街路棒《がいろぼう》をなくす

改めて指摘するまでもないが、景観づくりは緑の保全・創出の取り組みと連携し、一体的に推進することが重要である。緑によってもたらされる四季の変化を通じて、私達はうるおいと豊かさを実感する。とりわけ季節感の乏しい市街地において、その印象を大きく左右するのが道すがら顔を会わす

「街路樹」である。春のみずみずしい新緑、夏の涼しげな木陰、秋の落ち葉、彩りを添える花々……季節ごとに装いを変える街路樹。

しかし樹種の樹形特性が活かされず、樹形が極端に崩れた「街路棒」を目にすることが多いのには幻滅する。憤りさえ覚えることがある。

緑は成長する社会資本。植栽後はその成長をいかに育成・管理するかが問われる。より素晴らしい景観をつくり出すためには路線ごとに街路樹の「管理目標樹形と育成方針」を明確にし、これに沿って計画的な育成・管理を推進することが肝要だ。

街路棒を育てることを止め、街路樹を着実に広めるためには、相応の技術を有する者の手助けが欠かせない。全国に約1万人いる「街路樹剪定士」が存分に腕を発揮できるような環境整備、入札契約方式の改善が図られ、一刻も早く、わが国土から街路棒がなくなる

街路棒

街路樹

日が来てほしいものだ。

桜を活かす

毎年、桜前線が春の話題となる。桜の花は春の景観に彩りを添え、劇的な変化をもたらす。つぼみ、咲き始め、三分咲き、五分咲き、七分咲き、八分咲き、満開、散り始め、落花盛ん、葉桜と開花状況が進む。本格的な春の到来を実感する。全国の桜の名所に多くの人々が訪れる。城址、歴史的町並み、残雪を抱く山々、豊かな水をたたえる川、湖などと桜が一体をなして醸し出している情景は、非常に魅力的であり、訪れる人を飽きさせない。たびたび足を運びたくなる。

満開の花に出会えた時の感激はひとしおだ。かつて奈良県の吉野山で、上千本が満開の夕刻、心地良い風にのって落花盛んな中千本から吹き上がってきたヤマザクラの花びらが、夕陽にキラキラと輝く光景に出会った。約3万本のヤマザクラが山をおおう存在感と醸し出す彩の豊かさにも圧倒された。その光景は今でも瞼から離れることはない。しかし予想していた開花時期がずれ込み、満開の花に出会う機会を逸することが多い。何とも悩ましい。観桜期間を長くできればいいのだが。

吉野のサクラの開花は下千本から中千本、上千本、奥千本へと約2週間かけて山を駆け上がる。ソメイヨシノの開花は平地で1日に約30キロ北上することから、これで換算すると約400キロに相当する。最もいい見頃も1週間程度とソメイヨシノの1、2日に比べて長い。このこともわが国有数の桜の名所吉野の特徴である。

古都京都にも桜の名所は数多くある。京都御苑の糸桜、円山公園の枝垂れ桜、仁和寺の御室桜、常照皇寺の九重桜等々例年3月中旬から4月中旬まで約1か月間、桜を満喫できる。桜の種類の特性が活かされ、エリア全体としての観桜期間が長く、春の京都の魅力を高めているのである。

一例を挙げると、山口県下松市では開花時期がソメイヨシノより遅い仙台枝垂れ桜の植樹が進められており、桜を存分に楽しめる工夫が長期的な視点で取り組まれている。このような工夫がさらに全国に広がることによって、美し国づくりが進展することを期待したい。

古きものを大切に

驚きの連続

天智天皇が667年に大津京を開いた古い歴史を有する大津市。そこに住んだときの第一印象は、歴史・文化的資産の多さ、そのことを普通のこととして受け止めている市民の多さへの驚きであった。後者は子供の頃から日常的に接してきた古きよき資産が高い価値を有していることを意識していないことに対する驚きでもあった。

その後に驚いたことは数限りない。日吉大社の山王祭や天孫神社の大津祭りなどを長年にわたって年中行事として執り行っていること、浮御堂が開基1000年を迎えたこと、宇佐八幡宮の火祭りが900年以上も行われているのに観光客が一人もいなかったこと、穴太衆《あのうしゅう》積みの技術を受け継いできた日本で唯一の会社があること等々。歴史文化がそこかしこに息づいている。羨ましい限りである。

さらに今でも忘れることのできないことがある。日吉大社では毎年元旦5時から「大戸開き神事」が行われている。私が行ったときはほとんどが関係者で30人ほどしかいなかった。かがり火が焚かれた厳かな中で神事が執り行われ、その一つとして謡曲「日吉の翁《おきな》」が謡われ、観世流の片山九郎右衛門先生（人間国宝）による「ひとり翁」が奉納されたのである。後日、片山先生にお目にかかる機会を得たときに、その理由をうかがうと「観阿弥、世阿弥によって確立された能楽のルーツの一つに『近江猿楽』があり、大津市坂本はその発祥の地であるので大切にしている」とのことであった。ただただ驚き、敬服した。

古きものを活かす

使命感をもって伝統芸能、伝統行事、伝統技術などを継承している方がいる一方で、他にはない地域の歴史や子供の頃から見慣れている歴史的建造物などに特段関心を寄せていない人がいる。何とももったいないことである。歴史的・文化的資産や景観の価値の受け止め方は、その土地に住み日常生活を過ごす人と訪れる人によって当然に異なる。往々にして訪れた人に評価され、関心がもたれる場面に出くわす。

城下町、街道町、門前町、港町など往時の面影を残すところに行くと、知的好奇心が掻き立てられ、ついつい時間が経つのを忘れてしまう。魅力は尽きない。優れた歴史・文化的資産が特別ないところでも、観光で来訪する者の目線に立って、また場合によっては専門家などを外部から招き、埋もれた古きよき資産を掘り起こし、それに磨きをかけることにより、厚みと深みのある、他にはない景観を育てることは可能である。

景観法による景観計画や2008年(平成20年)5月に制定された歴史まちづくり法に基づく歴史的風致維持向上計画を通じて、歴史的・文化的資産を活かした景観づくりが進展している。さらに、古きものを大切にし、宝として磨き上げる取り組みが推進され、全国各地に個性的で魅力ある景観が誕生することを期待している。

情報化社会の進展に関心を

ネット社会への期待

今日、情報社会が急速に進展し、国民生活に大きな変化をもたらしている。インターネットの普及によって、ネットバンキングで振り込み手続きができたり、ネットショップで商品の購入ができたり、交通機関や宿泊先の予約がネット上でできたり、それも時間を拘束されずにいつでもできるなど大変便利になった。また価格比較やサービス水準の良し悪しの評価情報も容易に入手できるようになった。ネット社会の進展は、一見景観づくりに直接的な関係がないように思われるが、大いに関係する。国土交通省の景観ポータルサイトにアクセスすると、景観づくりに係る最新情報が提供されており、大いに参考となる。全国各地の取り組みもネット上に情報発信され、瞬時にして情報を入手できる。

またＩＴ技術を用いた景観シミュレーションの高性能化が進み、視覚的な側面からの景観予測・評価がより容易になり、景観づくりの現場で役立っている。これらはネット社会の利点であり、さらなる進展を期待したい。

景観劣化への危惧

一方で、情報ネットワーク基盤である光ファイバー幹線・支線網が既存の電柱に架設され、見苦しい状況を生み出している現実が進行している。これを見逃すことはできない。これまでの電線地中化は電力線と電話線を念頭においていた。今後は高度情報通信社会を支える情報通信網やケーブルテレビ網などにも焦点を合わせ、景観面からの対応を図らなければならない。

また看板類の広告媒体としての価値の変化、カーナビやスマートフォンの普及よる街角の案内誘導サインの役割の変化などの新たな動向が景観づくりに与える影響について、注視していく必要がある。

人の心と思いを大切に

景観と人の心

街角に立ったときに、かつて目にした絵画、写真、時代劇映画や演劇の1シーン、その場を舞台にした小説、随想や旅行記、さらにはご当地ソング、過去の自己体験などを思い起こし、もの思いに耽り、想像力を働かせ、心の充実感（や反省の念）を抱くのは私だけだろうか。

景観を客観的な判断が可能な物的なものとして扱うことは、大変有効な方法であることは言うまでもない。しかし景観づくりの主体は人であり、景観という舞台で活動するのも人である。人は主観的な判断のもとにその土地の景観に美しさを感じ、それが醸し出す雰囲気を味わうこととなる。このことは普遍的なできごとである。

美し国づくりの思い

NPO法人「美し国づくり協会」設立趣旨に次の記述がある。

「美し《うま》」は「満ち足りて心地よい」「美しく立派である」との意であり、「美し国」は、表面的な美しさを超えた「満ち足りたよい国」を意味する。そして、豊かさを実感するには美しさが必要であり、治安の維持にも美しさが抑止力となる。そこに暮らす人々が豊かであり、安全・安心できる街であれば、海外の企業・人々にとっても魅力ある地域となる。……これが「美し国づくり」の意味と姿である。

しからば、「美し国づくり」はどのような思いのもとに提唱されたのか。経済大国でありながら真の豊かさを感じられない状況を深く顧みて、また安全神話の崩壊や国際競争力の低下などの先行きが不透明な中でただよう閉塞感を打破するために、「わが国を豊かさが実感でき安全・安心で活力に満ちた国にしたい」との確固たる思いをその根底に見てとれる。この思いは何ものにも代えがたい。

人の心と思いを大切に

人の心や真の豊かさを希求する思いを大切にし、「継続は力なり」を心に刻みつつ、「美し国づくり」の姿を目指し、景観づくりが積極的・継続的に取り組まれることを願ってやまない。

良好な景観づくりの基本的視点と今後の取り組みの方向性について

――地域活動を継続するための課題と解決方法、地域住民へのアプローチ方法

元・市川市動植物園園長　高山　政美

地歴など地域文化を知る

良好な景観づくりの基本的な視点として、第一に挙げられるのは、地域に根ざした歴史、宗教的な言い伝えや、その土地の地歴、過去の地形の変化なども重要である。

特に地域活動を継続するためには、これらの土地の歴史をしっかり把握することである。

現在良好な景観が残されている地域については、必ずといっていいほど、土地にまつわる伝説が残っているところが多く、しっかり現在に残されている。例えば、将門伝説が伝えられる市川市〇〇町の場合、将門が、背丈の高い、つる性の豆の陰に隠れていた敵方に襲撃され苦戦を強いられたとのことで、それ以来この地域では、一切背丈の高い農作物はつくられていない。

この歴史を知らないものが背丈の高い農作物をつくったところ、相当な非難を浴びたとの話もあり、また、これらに関連して、見通しの悪い建物などが敬遠され、現在まで大きな開発などなく、景観が残されている。また、これらの歴史に関係する社寺林も貴重な歴史空間として現在まで残されている。

伝承者の高齢化に伴いこれらの地歴も薄れ、次第に自然もバランスを崩し、無秩序な開発が進んでしまう。小さな景観づくり（保存）の一歩として、地域文化としての景観と歴史を次世代に継承していくことが重要である。

土地は利用するもので商品化するものではない

次に、地形の変化について。地形の変化といっても、地球の生い立ちまでの話でなく、私たちの周りに広がる風景のなかには、地形が変化した理由が隠されている。

その中には、自然災害等による変化もある。私たちの先祖は厳しい自然条件のなか、生き抜いてきて、これら自然の流れを十分味わってきている。

問題視しなければならないのは、地形の人的変化である。

本来土地というものは、利用するものであり、値段のつく商品でないと思っている。

例えば、作物をつくるための最小限の開発、これは耕運のことで、野山を切り崩すことではない。

このようなことを念頭に置き、正しい土地利用を行えば、けして自然風景を損なうことがないと信じている。

土地を利用し、建築物を建てる場合、商品としての土地は非常に高価なもので、言い換えれば、商品にするために高額な開発費（野山の切り崩しや盛り土）をかけ、自然をこわしているのではないか。本来は、開発費に費用をかけることではなく、建築物に費用をかけるべきで、例えば、斜面に建築物をつくる場合、斜面を利用し、いかに建築物をつくるかである。

土地の利用料（土地の値段）が安ければ、これらの地形を利用した建物を建てるために多くの工夫と費用をかけることができる。

土地は、利用するもので、販売する商品ではない。建物は、いずれなくなってしまうが、少なくとも地形は残る。残った地形を利用し、自然を再生すればいいことである。

多くの先人たちは忠実にこれらの土地利用を行っており、数多くの城跡（崖端城《がけばたじょう》）や自然を利用した建築物も残っており、景観として成立している。

荒廃した緑の復活

近年の都市近郊緑地は、薪炭林（中には生産林もある）などとして活用していたころからだいぶ時間が経過し、美しい緑地から暗く汚いものとして取り扱われるようになってきた。これは、けして所有者のみの責任として片付けるものでなく、緑の恩恵を受けるものとして、すべての人々が関心を示していかなくてはならない。

そこで、ボランティアによる山林管理。よく聴く話であるが、すべてが順調に進んでいるわけではない。

そこには、本来のボランティアの性質を逸脱したものや、所有者による相続対策のための土地の売却問題もあり、なかなか両者が一致するものではない。所有者から見た場合、資力、人力があれば当然、山林管理を行っていくところであるが、生産性のない緑地に大きな経費をかけられるものでなく、問題の先送りになっているのが現状である。

一方、私たち住民から考えた場合、重要なことは、この緑地に対する周辺の理解も大きな要因として挙げられる。先ほど述べたように、薪炭林などとして利用されていたときは、ほとんどの人々は緑地に対し、疎《うと》ましさや怪訝《けげん》さは持ちあわせておらず、むしろ利用できる経済資源として喜ばれ、そこに景観としての美しさのおまけが付けば、緑地や山々は神聖な神のごとく扱われ、重んじられていた。

残念ながら、現実問題としては、真逆の方向に向かっていると感じられる。

そこで、どうしたらこの神聖で美しい景観を取り戻していくことができるのか。歴史を遡り、皆で原風景をもう一度思い起こし、理想郷を構築していかなければならない。

荒廃した緑地を健全な方向に導くためには、所有者と住民が同じ目的で一歩踏み出す勇気が必要で、これらを後押しする専門家からの助言も大きなものとなってくる。

最後に、良好な景観づくりの基本的視点と今後の取り組みの方向性について、次のスローガンを書きとめておきたい。

①地歴など地域文化を知ること
②土地は、利用するもので商品化するものではない
③荒廃した緑の復活は、所有者と住民が同じ目的で一歩踏み出す勇気と専門家の後押しが必要

これからの建築緑化——個からエリアへ

NPO法人屋上開発研究会理事長　立石　真

都市の中の建築物の屋上に庭園をつくることは、現存する最古の屋上庭園とされる旧・秋田商会ビル（現・下関観光情報センター、大正4年竣工）の事例からもわかるように古くから行われてきた。高度成長期には低層建築物を中高層の建物に数多く建て替えられたが、ビルのオーナーが新築する中高層ビル最上階に住む場合には、屋上庭園付き住居とする事例が多くみられた。これはあくまで個々の住居の快適性向上などを目的として、庭を屋上に設けたものであった。

近年、都市環境改善のために屋上緑化が注目され始め、大規模建築物を建設する際に一定以上の緑化をすることを求める自治体が増えたこともあり、オフィスビルなどの屋上でも緑化が普通に取り入れられるようになった。これは、屋上緑化用の軽量な人工土壌、基盤資材の改良・開発、灌水装置や樹木の転倒防止のための資材などが開発され、屋上緑化が特殊な技術ではなくなってきたことが大きな要因となっている。

しかし、超高層ビルから見下ろすと、中高層の既存ビルの屋上はまだまだ設備機器の置き場であり、マンションなどでは露出防水仕上げのままという建物がまだまだ目立っている。新築の場合でも、建物の屋上全体を緑化する事例はまだ少なく、芝生などの薄層の緑化を屋上の一部分に行っているのが現状である。緑化を積極的に取り入れているのは商業ビル程度にとどまっている。

最近、壁面緑化の技術が発達し、様々なタイプが開発され、多様な植物を取り入れた大規模な壁面緑化も登場してきている。これは従来のつる性植物を地植えするタイプから、植物用の基盤を設け、そこに直接植物を植えるタイプが技術開発されたためである。道路沿いの建物の壁面に設けられた多様な植物で構成される壁面緑化は、歩行者にとって心地よい空間となっている。しかしこのような基盤を設けるタイプの壁面緑化はまだ技術的に課題が多く、コストも高い。

このような屋上緑化や壁面緑化は現状では建物単体で計画されていて、都市の中の緑としては連続性に乏しい。また、それぞれの緑量は少なく、都市の中の緑地を増やす質の高いレベルまでには至っていない。そして、薄層の屋上緑化はまちを歩いている歩行者の視界には入らず、都市の景観を改善する目的を達成できていない。

一方、最近の都市の中の大規模な開発では、建物を高層化し、地下に駐車場や機械室などを設け、その上を地上と連続的につなぎ、公開空地として緑あふれる空間を創出している事例が目立ってきている。池やせせらぎを設け、多種多様な植物で空間を演出することにより、散策したくなるような気持ちのいい環境を提供している。

緑あふれる中庭をもつ公開空地（丸の内パークビル）

連続性のある質の高い緑地（西新宿エリア開発）

このような大規模な面開発から生まれる質の高い緑地や緑豊かな公園をつなぐ位置にある建築物を積極的に緑化することにより、緑の回廊が形成されて魅力的な都市空間を創出することができる。

これらの建築物は、都市の環境改善と魅力ある都市を形成するための仕掛けが求められる。単に緑化面積を確保するために屋上緑化や壁面緑化を取り入れたものではなく、地上から屋上まで連続的に緑を配置することができるように建物の形状を工夫したり、敷地内に空地を設け、都市レベルでの連続性に配慮した樹木の配置や多様な植物を用いた緑化を行うなど、様々な手法を取り入れた建築緑化が望まれる。このような建築緑化された建物が増えることにより、都市の中に快適で緑豊かな回廊が形成される。

また、この回廊に関する情報を回廊内で建物の新築や増改築を行うオーナーや設計者に提供することができる仕組みを構築することにより、魅力のある回廊の形成を迅速に進めることができる。

しかし、このような質の高い緑地や建築緑化を維持管理するにはコストがかかることも念頭に置かなければならない。建物ごとにそれぞれがコストを負担すると、その費用が重荷になり、緑の質が落ちてくることが予想され、回廊の形成に影響が出てくることが懸念される。

そこで、緑の回廊をエリア全体で維持管理する仕組みが求められる。回廊の緑の維持管理を一括で委託することでコストを抑えたり、回廊を活用してイベントを積極的に開催し、その費用の一部を維持管理費に充てるなど、回廊の特徴を活かした工夫が求められる。

そして、その回廊を形成するエリアが主体となった組織を立ち上げ、マネジメントを行うことができる体制を整備することも有効であろう。この組織は、回廊に関する情報を所有し、必要に応じて提供するとともに、場合によっては回廊形成に協力を求めることができるような仕組みとすることが必要である。

また、持続可能で魅力的な回廊にするためには、人を呼び込むための仕掛けなどを立案・計画し、例えば、回廊沿いの建物には魅力的なカフェやショップを誘致できるような、エリアのブランド化に積極的に取り組める人材の確保も必要となってくる。

このような緑あふれる回廊が都市の中に次々と実現すると、魅力的な景観をもつエリアが多数誕生し、その都市は人をひきつけてやまないものに変貌していくであろう。

住み心地　雑感

協和エクシオ特別参与　田中　軍治

私は1969年（昭和44年）に社会人になり、42年ぶりに故郷京都に戻るまでの間、東京（港区、中野区、新宿区、目黒区）、所沢、横浜、つくば、名古屋、西宮、芦屋、広島、福岡、佐賀、熊本と首都圏および西日本を中心に20回を超える引っ越しをしてきた。この間マイホームだけでも所沢、横浜、芦屋、目黒、京都と5回にわたって住み替えた。

これだけ引っ越しをすると、多くの人から「どこが一番、住み心地が良かったの?」と聞かれるが、これほど答えるのに難しい質問はない。なぜなら、それぞれの地を〝住めば都〟と思い、住み心地良くしようとしてきたので、甲乙をつける気にならないからである。そこで印象に残っていることをつづり、〝私にとって住み心地って何なのか〟を考える糸口にしたい。

人も歩けば……

いろいろな町を移り住んでいると、思いもかけない〝人との出会い〟がある。

広島から佐賀に転勤になり、全く地元の事情が分からないまま生活を始めていたある日、市内の駐車場に止めた私の車を見て親しげに話してきた人がいた。その人の御主人は名古屋出身で2年前に佐賀医大に招聘《しょうへい》されたとのことで、私の車のナンバーを見て名古屋出身者と思い、声をかけたという。私は前々任地の名古屋で車を買い替えたのだが、互いに異郷の地で〝名古屋ナンバーの取り持つ縁〟により家族でのお付き合いが始まった。

熊本に赴任して1年ほど経ったある日、私の秘書をしていた総括係長が「実は本部長の息子さんが数か月前から鹿児島の実家で私が使っていた部屋に下宿しています」と言ってきた。息子は鹿児島のある学校に入れたが、寮を出て下宿、それを受け入れてくれたのが彼の実家だったのだ。聞いてビックリ！　頭痛の種の息子の面倒を見てもらっているので頭が上がらない。それまで〝君〟づけで呼んでいたが、気がつけば〝さん〟づけで呼んでいた。

入社後24年にして初めて関西勤務になった。家内は初めての関西、地元の様子を知るために大学の同窓会大阪支部に出席した。たまたま隣に座った人が「全国を転勤し、かつ芦屋の事情に詳しい人を教える」といってM夫人を紹介してくれた。驚いたことに彼女の御主人が私の中学・高校の同級生のM君だったのだ。M君はNHKに勤めていたのだが、惜しいことに、阪神・淡路大震災後の激務がたたってか震災から1年ほどで早逝した。彼の人生最後の2年間を家族ぐるみでお付き合いできたことは不思議な巡り合わせとしか思えない。

奇遇ともいえるいくつかの〝出会い〟が、私にとって〝住み心地の良さ〟の大きな要素でもあった。深刻な問題を抱えた転勤族を見聞きするにつけ、私の場合は「人も歩けば……」まさに〝感謝〟である。

家を買うのは……

5回も家を買っていると、「家を買うのが好きですね」とか「家を買うベテランですね」と皮肉られるが、本当のところは失敗の連続であった。

最初に家を買ったのは、所沢の中古の一戸建てだった。北も南も道路という使い勝手の良い家で、大手町への通勤時間もまずまずだったが、その後、都内で勤務場所が変わり、通勤時間が1・5倍以上になった。購入後、半年足らずで転勤、名古屋、つくばを経て戻ってくると家の老朽化が進み、真冬の寒い朝には、枕元で結露が氷る始末であった。建て替える面倒を避け、そのまま転売して横浜に転居した。

横浜の家は三千数百戸規模の新規大型分譲地で、最寄りの駅まで徒歩17分の坂道、バスなしといった宅地開発だった。それでも住民はみな、マイホームの夢一杯で団地の真ん中を通る道を〝ハナミズキ通り〟と名づけ、美しいまちをつくろうと意気に燃えていた。私は購入後1年足らずで名古屋、広島、九州と転勤したが、この間にハナミズキ通りにバスを通すか否かという問題が起こった。バスの利便性を主張する派と環境汚染を訴える派の住民の対立がエスカレートし、団地を出て行った人もいたと聞いた。10年の空白を置いて戻ってくると、コミュニティバスが通り、バスはなくてはならないものになっていた。しかし契約後の問題で価値観がぶつかると、その修復がいかに難しいかということを知った。

芦屋では、前庭、裏庭とも緑に囲まれた雰囲気が気に入り、マンションを購入した。つづら折れの道の斜面にあり、駐車場が1階と5階、自宅が2階、出入り口が1階と5階いう変わった建物で、エレベータはなく、部屋への出入りには何段もの階段を使わなければならなかった。若い頃はそれが苦にもならず快適に暮らしていたが、60代半ばになると荷物の持ち運びが次第に億劫になり、病気、けがのときへの不安から若い世代の人に譲ることになった。購入時にもバリアフリーでないことを知ってはいたが、高齢化するに従って想定以上に大きな問題になることを身をもって認識した。

家を買うときには将来を見通して決めるべきなのだが、凡夫たる私にはそうはできなかった。「家を買うのは……」やっぱり〝難しい〟。

景観を私の庭にする幸福

一戸建てに住んでいたときは花壇をつくり、四季折々の草花を楽しんでいた。マンションに住むようになっても、ベランダに植木鉢を並べてひとときの安らぎを得ていた。しかし悲しいかな、引っ越しのたびにこれらの草木とも別れ、長きにわたって育てた庭を心の拠《よ》りどころにするのは夢幻であった。

これまで住んできたところを振り返って、私の胸によみがえってくるのは、自宅の窓からの眺めではなく、通勤や朝夕の散歩の中で空気のように私を包んでくれた〝景観〟である。「芦屋の清い水と整然とした住宅街」「佐賀平野に広がるクリークに沿った青々とした田圃」「熊本城のどっしりとしたお城と濃い緑」「瀬戸内海に浮かぶ島々を結ぶ橋」など、自然が先人たちの築いた歴史を語りかけてくるような景色である。

いま四十数年ぶりに故郷に帰ると、知己は去り、店の名前は変わっていても、愛宕山、比叡山、大文字山の見える光景、歴史を語る街並みは昔ながらに私を迎えてくれる。この「景観を私の庭」と思えば、歴史散歩や花の名所めぐりも一層楽しくなる。

先日、前ブータン国王ワンチュク陛下が「ＫＹＯＴＯ地球環境の殿堂」に殿堂入りされたが、その理由は「ＧＤＰを基準とした経済成長ではなく、自国の文化や自然と調和したＧＮＨ（国民総幸福度）という概念を長年（三十数年）にわたって推進し定着してきた」とのことである。

景観づくりは個人に我慢を強いる面もあるが、歴史・文化に対する誇りを持てることは幸福感にもつながる。現在、私は都市計画景観地区に住んでいるお蔭で〝景観を私の庭にする幸福〟を味わっているのかも知れない。

四方山のことをつづっていると、私にとって〝住み心地の良さ〟とは〝人との巡り合い〟であり、〝その時その時の生活に適した建物〟であり、〝そのまち全体の景観〟であることに気づかせてくれたような気がする。

景観と公共建築

公共建築協会会長　春田　浩司

『公共建築は、行政サービスの場としてはもちろん、地域の人々の生活に密接に関わり、地域の活動に拠点や賑わいの創出など都市機能としてだけでなく、町並みや景観形成などの面においても重要な役割を持っています』

これは「公共建築の果たす役割・これからの公共建築」と題して10年近く前の「公共建築の日・公共建築月間」創設に寄せた拙文の一部です。とはいうものの、私が建設省（現・国土交通省）でたどった道程としての仕事の中では、景観とのつながりは決して強くはなく、むしろゆるかったというのが実感です。

戦後、建設省発足時頃からの官庁営繕業務の流れを振り返ってみますと、当初は、庁舎面積の絶対的不足がありましたから、行政サービスに供する執務面積をとりあえず確保するため、小規模な庁舎は木造も含めて急いで整備していました。そして国民の貴重な財産を守るため、耐火性能向上を目指してコンクリートブロックや、鉄筋コンクリートへとその構造も次第に変わっていきました。少しゆとりのできた１９７０年代には、空調も次第に具備できるようになったわけです。「無より有」「質より量」、そして「機能の向上」「量より質」へと進んだといえます。

そのような経過をたどりながら、現在のような高層庁舎や文化施設、高度な研究施設にまで幅が広がってきました。この間、庁舎の整備に関して景観形成を他に優先して意識するほどのゆとりがなかった、と大括りにはいえます。

これまで建築を仕事として生きてきた中でごく初めの頃に、「景観と建築は、相容れないものなのか？」との思いを持った時代がありました。そう意識し始めたのは、私がまだ若く、がむしゃらに突進しながら痛みを体中に感じていた頃です。

街中を歩くとどうも違和感のある風景が目前に現れる。完成したばかりと思われるビルや庁舎などが、それだけ見ると建築物としての存在感はあるにもかかわらず、自己主張が激しく浮き上がっていて周りに溶け込まず、とても景観として見るに耐えないものとなっている。また、車窓から美しい山肌を眺めていると、突如、禍々《まがまが》しいものが視界に飛び込む。それが建築だとわかり何とも言えない悪寒が背筋を走る（それはまるで心地よいシンフォニーを愉しんでいる時に突如大騒音に見舞われたようなものです）。といったようなことが幾度となくありました。

こんな経験から、建築を仕事としている自分が景観に対し、何となく後ろめたい気持ちを持たざるを得ない状況だったのではと思います。しかし、常にそう感じているわけではなく、ごく普通に景観の中の建築や、また、街中の密集した建築群からなる景観をも無意識の中で景観として認識している自分がいることも事実であり、また、歴史的建造物群の町並みや、海外の中央官庁街などに触れることで、先の問いである「……相容れないものか？」に対する答えは、「否である」と次第に思うようになることができました。建築と景観は本来相容れないものではないことがわかると、今度は「どうすれば建築が景観と親和できるか？」が、新たなる命題となるわけです。

景観についての意識が潜在的にしかなかった私ではありましたが、建築の価値としての自然とのつながりや周囲との調和を比較的早くから感じていたように、今になって思います。文部省（現・文部科学省）の「国立少年自然の家」を山口県の徳地という場所に計画したとき、子供たちが自然といかに触れる建築とするのか、自然の怖さ、不思議さ、楽しさをいかに体験できるのか、という自分なりの課題に対して答えを出す中で、自然の中でむやみに自己主張しない建築を意識するきっかけを得ました。

それから、まちづくりの経験が景観を考えるきっかけになっています。まちづくりにとっては、「建築のデザインが優れている、機能性が高い」といったレベルでいくら良い建築を単体としてつくっても限界があります。既存建築群との関係、地域との関係、人々の集い、地域固有の文化や慣習などとのかかわりが問われます。

建築がこれからさらに付加価値を高めていくためには、建築を評価する要素としての景観の位置づけを高める必要があると考えます。建築が景観に対して、どのような効用を持ち、その価値を大きくすることができるのか、そのことを建築にかかわる誰もが意識するような時代の到来が望まれます。

建築家は建築物のディテールにはこだわりを持ち、どちらかというと微視眼的な美学を持つ傾向にあるようです。前にも述べたように単体として整備することが多い建築の宿命ともいえることですが、周辺と調和させるなどの景観形成行動に自ずと限界が生じてしまうことがあるのも事実です。

国土交通省がすすめる一団地の官公庁施設やシビックコア地区整備制度のように、庁舎を集団として面的に整備する場合や、まちづくり計画の主要素として市庁舎を計画するときに景観形成に主眼を置くことにより、単体整備による制約から解き放たれた建築群の持つ、美しい景観の実現が可能となります。それはまるで、どっしりとした通奏低音の流れの中に心地よい主旋律を調和させるような感動的な楽曲を創作することにたとえてもよいでしょう。

景観法が機能をしはじめた今、より動きやすい環境にある公共建築だからこそ、その責務を果たすことが求められます。もちろん単体整備の場合でも周辺との調和による景観形成に努め、決して景観破壊にならない努力が大切です。景観向上につながる公共建築の整備は、通常の費用対効果では計り知れない大きな付加価値を持っていると思います。優れた景観を守り育んできた生活は、その地域の歴史と文化です。「建築を文化として意識する土壌」を生み出し育てる景観行政を期待したいと思います。

近年、設計者の選定を入札によらない方法で行う自治体も増えてきましたが、こうした中で住民の意見を聞く、いわゆる住民参加型も多くなっています。自分たちの財産である公共建築の整備のプロセスに参加し、景観向上に役立ったと住民自らが感じるようになれば、公共建築だけでなく、まちづくりの場などを通じて、地域の景観向上の意識が高まり、そして広がっていくことに繋がるのではないでしょうか。

個人の実感とつなぐ景観の形成

プロセスデザイン研究所所長　百武　ひろ子

多様な景観の視線

公共事業やまちづくりの計画に市民が積極的に参加する機会が増えている。景観形成も例外ではない。2004年6月に制定された景観法で、景観形成における市民参加がより明確に制度化されたことによって、以前にも増して景観計画の策定プロセスに市民が参加する機会は増えてきている。

これまで国や自治体は、「良好な景観」「悪い景観」として共通のあるイメージを持っており、そのイメージをもとに景観形成を行ってきた。たとえば、「美しい国づくり政策大綱」の冒頭には「都市には電線がはりめぐらされ、緑が少なく、家々はブロック塀で囲まれ、ビルの高さは不揃いであり、看板、標識が雑然と立ち並び、美しさとはほど遠い風景となっている」とあり、国が想定する悪い景観のイメージをみてとることができる。

他方、良好な景観については、多くの自治体は目指すべき景観として「緑豊かなうるおいのある景観」「調和のとれた景観」「歴史的な街並みの落ち着いた景観」などを挙げている。

このような国や自治体の景観に対する価値観を反映し、生垣などの緑化の推進、建物の高さの統一、セットバックの推進、色彩の規定、景観阻害要因と見なされる電線の地中化、屋外広告物の規制などが全国的に景観整備の施策として行われてきた。

一方、一般の市民はこうした「良好か悪いか」「美しいか醜いか」という軸におさまらない、実にさまざまな感覚を働かせ、景観を眺める。さらに、その多様な見方そのものを楽しむ動きも現れはじめている。それを示すものとして、いわゆる名所や景勝地ではない普通の街を散策する「街歩き」が盛んに行われるようになっていることが挙げられよう。

かつての旅番組では、多くの人がその美しさを認め、すでに価値の定まった、いわゆる名所旧跡を旅するものが多かったが、最近では、とりたてて美しいとか歴史的街並みがあるというわけではない「普通の街」を歩き、そこに暮らす普通の人々と会話しながら、そこを訪れる人それぞれの感性にひっかかる日常の景観に隠された価値を再発見するという企画が多くみられる。誰もが美しい景観を美しいと感じるだけではなく、自分の視点で景観の多様な価値を発見することを楽しむ人が増えてきたといえる。

さらに身近な景観を別の視点で再発見する傾向は、団地や工場、ダム、高速道路のジャンクション、電線といったこれまで「悪しき景観と見なされてきた」景観要素を愛好する人々の出現にもみることができる。最近ではこうした動きを受けて、自治体でも工場景観ツアーを企画するなど新たな観光資源として見直す動きも出ている。

もちろん、だからといって、これまで良好、あるいは悪いとされてきた景観に対する価値観が国や自治体、景観の専門家のみの価値観であり、現代の市民の感覚と乖離してしまったわけではない。「良好な景観」「悪い景観」のイメージは、依然として大多数の一般市民が共感し、支持できるものであろう。しかし、「良好な景観」「悪い景観」という価値観にもとづいた景観形成のなかで、取りこぼしてしまう、一般市民の多様な景観に対する感覚、感情はないのだろうか。

良好な景観、好きな景観

以前、学生を対象に、一般的な「良好な景観、悪い景観」と個人的に「好きな景観、嫌いな景観」とは異なるのか、もし異なるのだとすればどのように異なるのかについて調査を行った※1。その結果、一般的な「良好な景観、悪い景観」と個人的に「好きな景観、嫌いな景観」は、必ずしも一致せず、しかもその違いは両者の視点の違いにあることが示唆された。

「良好—悪い」の判断基準は主として、景観を構成する物理的要素、すなわち自然と建築物など人工物との物理的関係性、建築物、道路などの配置、デザインなどの要素を視覚的に見たときの良し悪しにあった。つまり、建物の高さや色彩などが整っていること、植栽が美しく配置されていること、電

一般的には良好ではないけれど個人的には好きと答えた人の多かった景観。「ゴミゴミしている」「電信柱、看板が多い」が「このごちゃごちゃした感じ、落ち着く」といった回答が複数あった（左）

一般的には良好だと思うが個人的には好きではないとする人の多かった景観。良好とする理由として「きれいに整備されている」「緑が多い」「歩道が広い」としている。一方、嫌いな理由としては「キレイですがちょっと人工的」「まとまりすぎ」「整備されすぎ」「この場所でなにかしたいという気にはならないかも」という回答がみられる（下）

線や電柱など邪魔な構造物がないこと、歩道が広々していることなどが評価の基準となっている。これは、前述した国や自治体が進めてきたこれまでの景観整備施策とも合致する。

これに対して、「好き―嫌い」の判断は、対象となる空間の特性そのものに対する判断というより、対象を見たときに自らのうちにおきる感覚、感情が基準となっている。しかもその感覚は、「風が気持ちよさそう」「懐かしい」「落ち着く」といったように、その場所に身を置いたときに体感するであろう身体感覚、感情にもとづく。つまり、景観を視覚でとらえながら、かつての自らが体験した記憶を呼び起こしながら「目には見えない」空間の匂いや触感まで感じ取っているのである。

また、「きれいだけど、この場所でなにかしたいという気にはならないかも」「会話しながら散歩したい」といったように、景観を見たときの自分の反応とも結びついていることも「好き―嫌い」の判断基準の特徴に挙げられる。

これらのことから、個人としての市民の景観に対する捉え方を知るためには、対象となる景観要素の視覚的イメージだけではなく、その場所に行くとどんな感情になるのか、またどんなことをしたくなるのかを引き出すことが有効であることが導き出される。

モノだけで完結しない「人を含んだ景観」の形成

良好な景観形成というと、どうしても景観を形成する自然、道路、建築物など物理的要素のあり方に焦点をあて、実際にその景観のなかで感情を抱く人間の存在は見失われがちである。賑わいを演出するよう舗装やモニュメントの景観整備を行った商店街が閑散としていたり、親水性を持たせるように階段状に整備した護岸に実際には人がいなかったりする例などはまさにそういう景観形成の現れであろう。

これらの景観は、景観対象となるモノを単体として見た場合には「良好な景観」といえるかもしれないが人々が実感をもって良好であると感じられる景観とは程遠い。

景観、特に日常的な都市景観の向上を目指すためには、その景観のなかにいる人間、眺める人間を含めた「人のいる景観」を対象とする必要がある。つまりモノ主体の景観形成ではなく、モノに加え、人および人が起こすコトを含めた景観形成を行うべきだということである。そのためには、ともすると無意識のうちに途切れてしまいがちな景観対象と景観を体験する人々を意識して結ぶことが重要であり、景観形成プロセスにおける市民参加の意義もそこにあると私は考える。

コトが景観の価値形成に寄与する部分の存在を認識すれば、モノだけで完結する景観形成を行うよりも、時間をかけ、人の景観形成のへの関わりを積極的に受け入れる余地のある景観形成を行うことの意義も見えてくる。

個人の景観への感情はその場所に対する記憶と強く結びついている。ある景観についての感情について尋ねると、誰もがその場所、あるいはその景観が想起させる別の場所で体験した記憶について語りだす。景観形成は、「モノ」をつくった段階で終了するのではない、人と景観との関わりあい「コトづくり」のなかで徐々にその価値を育てていく。

景観形成において、個人の「記憶をつくる」という視点を組み込むことによって、より積極的に個人の景観に対する感情を育て、奥行きのある景観を生み出すことが可能となる。

とはいっても、市民参加の場において参加者は、他の参加者の前で、個人の記憶、個人の感情、個人の好みを表出すること自体にためらいを感じることが多い。その結果、せっかく市民参加の機会を設けても、一般的な「あるべき景観論」に終始してしまうおそれがある。

ファシリテーターは、この点を十分認識し、無意識のうちに抑圧してしまいがちな「個人的」な感情や記憶をていねいに引きだし、参加者全員で共有することが求められる。それぞれの記憶された景観に対する感情を持ち寄り、景観形成のベースにすることは、地域の潜在的な力を顕在化させることにもつながる。

良好な景観かもしれないけれど、好きになれない、愛着がわかない、面白くない景観整備ではなく、味のある、元気になれる、何かをしたくなる「私にとって大事な」景観を実現するにはどうしたらいいのか、そこに暮らす人々と実感ベースで考えていきたい。

※1　本調査の内容および結果は『感性哲学10』東信堂、pp.92—96、２０１０に掲載されている。

建築家として地域に生きる

建築家　本間　利雄

私が建築家として独立して50年を迎えた。そして今、八十路を歩みつつ改めて思うのは、自然環境と人間の関わりについてである。

東日本大震災、津波による原発災害は、その収束の先がまだまだ見えておらず、各地の停止中の原子力発電所の再稼動をめぐる動きは大きな問題となっている。そんな最中、敦賀原発の直下の断層が活断層である可能性を国が指摘し、立地不適格の恐れもあると。異例の事態である。日本全国で活断層は2000程もあり、原発の適地など客観的に見れば見るほど存在しえないのかもしれない。

このたびの東日本大地震による津波の被害は尋常ではなかったものの、「此処《ここ》より下に家を建てるな」という先人の石碑の教えを守り、救われた集落もあったという。逆にその教えを活かせなかった場所も数多くあったのだろうか。

私事で恐縮だが、蔵王温泉に、ある銀行の山荘をつくることになり、山に入り、環境調査をしたことがあった。五十年前のことだ。そのとき、現地のお年寄りから話を聞いた。「地すべり地帯で、雪の消え方がおかしい。断層の亀裂のように雪原に段差ができる」と教えてくれ、私自身も雪の中でその段差を確認した。

蔵王温泉街は、長径3・5キロほどの、かつての爆裂火口の底部にある。そして火山噴出堆積岩層の亀裂から温泉が自然湧出している。温泉街はその地盤の亀裂が地形に沿って並行に分布している上にある。スキー場開発によるのか、源泉の温度が上昇しているとも聞いた。

建築に限らず、ものをつくろうとするとき、地の声を聞くという態度が必要だと考える。風土や自然の有り様（条件）を真摯に把握することが大切だ。

このたび、山形県舟形町の西ノ前遺跡から出土した土偶が国宝に指定されることになった、と地元新聞の1面中央に写真入りで報じられた。国道13号バイパス工事に際して、舟形町の小国川段丘上の縄文中期の集落跡の発掘調査によって1992年に発見された土偶だが、直接見たときの感動がよみがえった。4500年前、このような造形を生み出した縄文人の美意識に驚かされた。

その後、県職員や高校の教諭を対象にした講演、あるいは地区公民館での講演で何度となく、私はその土偶の写真を映し出し、活用した。そして「私たちの祖先はこのような美しいプロポーションの土偶をつくりあげた。このような洗練された美意識が、私たちの遺伝子に組み込まれていることを認識しようではないか。それをこれからの地域づくりに生かそうではないか」と、熱っぽく語ったことが昨日のように思いだされる。

地域の歴史遺産を現代に息づかせるには、彼らがどのように生きたか、どのような生き方をしたのか、想像力豊かに思いを馳せることも必要なのだ。

私の生まれ故郷は小国町、飯豊《いいで》山麓の寒村だ。限界集落ともいわれる。山深い辺境の地であるが、地域のまたぎ文化を今につなぐ「熊まつり」も毎年行われている。古くから熊や自然の生業への感謝を示す行事である。昨年は東日本大震災直後ということで中止されたが、今年は雪が多く残っている中で実施されることになった。春浅い集落に集う人々は何を求めて来るのであろうか。

高山の古民家群のような集落景観が残っているわけではないが、今も共同体としての住民のつながりは強い。熊の肉も平等に分け合い、この熊まつりも自整協という集落が自ら主体となって行う。経済的に厳しい中にも自立する意気込みをそこに感じるのである。

地域にあって、建築家としてその職能を確立することは、すなわち地域コミュニティーに根差した活動ができるかどうかである。それは求めようとして得られるほど、簡単なことではない。コマーシャルベースでないところが難しい。建築家としての地域での活動は、時にボランティアのようなものだ。しかしそこから様々な分野の情報が発信され、建築的な発想や解決方法が求められることは少なくない。

建築家として信頼を得ること。それは日頃から地域をどうとらえ、いかに認識しているかということに深く関わり、そこに風土と建築の関わりが問われる。それがコミュニティーアーキテクトなのだと確信する。

地域からの信頼が職能確立の一歩であり、持続性こそが問われる。同時にステップ・バイ・ステップ、終わりのない一歩であることを知らなければならないことと思う。

私の好きな言葉に、「未来は過去の中にある」というのがある。単に過去を懐かしむのではなく、過去からの声、つまり先人たちが獲得してきた教えやつくりあげてきたものの中に、未来へとつなげるべき環境や景観づくりの手がかりや教えがある。それを現代の私たちが注意深く拾い上げ、生かさなければならない。

「縄文の女神」として親しまれている縄文時代中期の「西ノ前土偶」。高さ45センチで、完全形に復元された土偶としては国内最大。発掘時は頭部、胴部、腰部、左脚、右脚の5部位に割れた状態で出土したが、その後に接合し、ほぼ完全な姿となった。8頭身に近い均整のとれた体型で脚部が安定し、尻が後ろに突き出ているのが特徴。1998年に国の重要文化財に指定、2012年4月に国宝指定の答申がなされた。

公共建築と景観形成の仕組み

首都大学東京特任教授　山本　康友

公共建築は地域に存する他の建築に比べて、規模が大きく、また、街の中心地に位置することが多いため、その景観によって街の表情が大きく影響されている。場合によっては、公共建築が街を分断し、地域との連続性をなくしていることも見受けられる。

公共建築と都市の景観づくり

公共建築は、施設計画を行うときは、①事業にとっての必要な面積を確保することが重視され、②維持管理をしやすくするためということで、箱型の単調なデザインで構成されることが多くなり、③色彩についても無難な色彩計画が選択されることが多い。

そのため、公共建築については、①地域における景観の連続性がなされにくくなってきている、②緑などの自然環境との調和した景観づくりがなされていないことが多くなっている、③その施設がある地域への景観としての貢献がなされていない——ことなどが挙げられる。

景観に配慮した公共建築整備の方向性

景観を配慮していくうえでの具体的な方向としては、公共建築も街並みの中にある建築物としてとらえ、景観の連続性、自然環境への配慮も考え、その施設が存在する地域に貢献できる景観形成へと変化してきている。また、パブリックアートについても、施設計画と一体化したものとして考え、配置していく必要があると考えている。

景観にも、「見せる景観」と「隠す景観」があり、「見せる景観」では、地域への開放性が必要であり、その中の一環としてパブリックアートも存在すると考えている。逆に、「隠す景観」では、緑との連携が必要であり、自然景観を生かした景観形成も考えられる。

景観形成への具体的な仕組み

今後の公共建築整備についての景観に配慮した具体的な方向性は、次のことが考えられる。

(1)「景観づくり」のための仕組みの構築

① 専門家、地域の意見を聞ける仕組み

基本・構想段階や基本設計の早い段階で、専門家などから具体的かつ実現可能な助言やコメントをもらい、設計などに反映させていく仕組み、景観に対するデザインレビューが必要である。また、デザインレビューなどの際は、学識経験者で構成された景観アドバイザーの活用を行い、実現可能な助言、コメントを受けることも必要であると考えている。

② 景観を配慮した設計者の選定の仕組み

「景観づくり」の能力のある設計者を選定する仕組みが必要であり、また、景観形成が優良な設計者をほめる制度が必要である。具体的には、プロポーザル方式の中で、景観を重視した選考方法が考えられる。また、模範となるような優良な景観づくりを行った公共建築の設計者への表彰制度も必要である。

(2) 「景観づくり」に向けた技術支援

① 「景観づくり」のための手引き書の作成

景観づくりについては、公共施設整備の基本構想・計画の初期段階で、景観に対する技術支援を行うことが良い景観づくりと直結する。また、景観づくりは、地域との調和も重要であり、地域との関わり方やそのタイミングについての、手順を示していくことが必要である。

これらの景観の理念、技術的な配慮事項、実行するための手順をわかりやすく解説した手引き書を作成することも必要といえる。また、手引き書は施設管理者向けの内容も含んだものでなければならない。

② 設計方針における位置付け

設計業務委託仕様書の中の設計方針や設計指針に「景観づくり」に関する技術的な配慮事項を記載することを基本的な考えとすべきである。ＰＦＩ事業などでは業務要求水準書の事業要件にすることで、ＰＦＩ施行者に「景観づくり」を実施させることも可能になり、波及効果を促す効果が大きいといえる。

③ 「景観づくり」のための研修

景観、パブリックアートに対する意識啓発、知識習得のために、発注者側・受注者側の双方での研修を行うことで、景観形成に寄与することになる。

(3) 「景観づくり」の見本となる公共建築でのモデル整備

これらの方策を行うためには、地域・歴史・通りなどの調査をベースとして、１００メートルメッシュや街区単位などでの周囲の模型などを作成したうえで、ワークショップなどのシミュレーションを行うことでの景観づくりのモデル実施を行っていく必要がある。

このような新たな「景観に配慮した公共建築」の姿を示して、全国のモデルとなる景観づくりを示していくことが必要であるといえる。

社会システムの自然への投影としての景観あるいはランドスケープ

東京都市大学教授　涌井　史郎（雅之）

はじめに

景観論をめぐっては多様な観点からの立論があり得る。それほど重要かつ各々の視座から論議が成り立つ分野である。そこで本稿では、地球規模における視覚化された環境としての景観を論じることとする。つまり、「景観の定義」をやや拡大し、「視覚化された環境」。いま少し掘り下げれば、地球という自然資源に対し、人間社会が人間の生存のために刻みつけてきた社会システムの有り様を環境とし、それが視覚化されたシーンを景観と定義するという視座である。そうした前提で以下の景観論を展開したい。

さて、三百有余年前に始まる産業革命の終焉が必然なのは、誰しも異議がないところであろう。国際社会は、１９７２年ローマクラブの成長の限界、同年の国連ストックホルム人間環境会議、そして

1992年のリオデジャネイロにおける国連環境と開発会合（通称・リオデジャネイロサミット）は、本来ならば地球環境と人間社会の調和を考える歴史の総括のはずであった。その成果は、森林の過伐防止、砂漠化の進行の抑制を含めて「アジェンダ21」を作成し、生物多様性条約、気候変動枠組み条約に結集されたはずである。

以来20年を経て、国際社会がそうした叡智《えいち》の結晶を現実世界にしっかりと投影してきたのかを問いかければ、残念ながら否定的答えを出さざるを得ない。なぜならば、成長の限界、ティッピング・ポイントが近づきつつあるといった危機的修辞が、人間社会の欲望を自制させるには至っていないからである。そして着実に、数々の叡智の警告は、負の方向で現実化しつつある。

その一方で、発展途上国、とりわけ最貧国の人々に対し、先進国がただ声高に成長抑止を叫ぶばかりでは、当然ながら貧困からの脱却を優先する発展途上国からの異議を含めて、様々な矛盾が露呈する。むしろ先進国こそが、自らの抑止量を明示することこそが重要といわざるを得ない。

1990年代初頭、ブリティッシュ・コロンビア大学が、収奪された地球上の生物生産量を環境容量と考え、エコロジカル・フットプリント※1という指標を提唱したことは周知のとおりである。それを見ると、先進国の収奪量と発展途上国のそれは桁違いである。よって、少なくとも先進国がこれ以上豊かさを追い求めることは、持続的な未来、つまり地球上の人類があまねくこの星に生存し続けるための物理的限界論ばかりではなく、倫理的な観点からも許されない。ゆえに、先進国には、いたずらに豊かさを求めるばかりではなく、いかに豊かさを深める方向を社会システムとして構築できるかの創造性が問われるといえよう。

産業革命に伴う思想、つまり地球の資源は無限であり、科学技術の発展こそが人類の未来を切り開くことができるという考え方を、有限な地球という厳正な事実を前に否定し、現在と限界との間をバックキャストし、これからの我々のライフスタイルを探るという思想、すなわち農業革命、産業革命に続く新たな革命、環境革命とでもいうべき抜本的方向転換が必然となろうとしている。よって、そうした観点から地上に投影された、あるいは投影されるべき景観論を深めることが重要となる。

自然共生型社会像としての景観の構築

国際的環境論の展開

2012年6月、リオ+20が開催される。1992年の国連環境と開発会合(通称・リオデジャネイロ・サミット)以来20年を経過し、そこで約定された四つの基本的取り組みに対し、我々はどのような成果を上げてきたのであろうかと反問すると、実に頼りない答えしか得ることができない。

この会議を前にし、これまで様々な国際的議論が重ねられてきたが、成果の検証もさることながら、その主題はおおむねグリーン・エコノミーという概念に収斂《しゅうれん》されつつあるといってよい。

２００８年のリーマン・ショック以来、世界がグリーン・ニューディールを標榜した政策に関心を持つに至り、同年ＵＮＥＰ（国連環境計画）がグリーン・エコノミー・イニシアティブという課題を掲げ、ＣＯＰ10を前にＴＥＥＢ（The Economics of Ecosystems and Biodiversity）のプロジェクトを立ち上げ、今に至るまでその方向を推進してきた。

そのほかにも、ＵＮＥＳＣＡＰ（国連アジア太平洋経済社会委員会）が２００５年３月に検討を開始し、ＵＮＥＰが２００８年10月にグリーン・エコノミー・イニシアティブの検討を行うなど、議論百出。その結果、ＵＮＳＣＤ（国連持続可能開発委員会）、ＯＥＣＤ（経済協力開発機構）、Ｇ77など多様な国際機関で必ずしも統一されたグリーン・エコノミーの定義が得られていない。ゆえに主として発展途上国からも様々な疑義が出されることとなっている※2。

例えば、ＵＮＥＳＣＡＰでは「グリーン成長とは低炭素で社会統合的な発展をもたらす生態学的に持続可能な経済進歩であり、その実現には持続可能な消費と生産、市場とビジネスのグリーン化、持続可能なインフラ、グリーン税制と予算獲得、Eco efficiency 指標の開発、自然資本への投資が必要」と主張し、ＯＥＣＤでは「グリーン成長は、環境の悪化、生物多様性の喪失、天然資源の収奪的利用を防止しつつ、経済成長と発展を追求する手段であり、よりグリーンな経済への移行に伴う構造変化の管理と新たなグリーン産業、雇用を発展させる機会を創出するもの」とするなど、各々に微妙なニュアンスの違いが見られる。例えば、国連事務総長が２０１０年４月にとりまとめたグリーン・エコノミーの概念は「持続可能な開発および貧困緩和の意味」としている。とはいえ、これら多様な機関が提唱するグリーン・エコノミーに共通するニュアンスは「持続可能な生態系サービスの享受のシステムの確立と、それによる同世代間の富の公平で公正な分配の方向」にあるといってよい。

こうした論議を俯瞰するにつけ思い起こすのは、1992年6月、自分たちで費用をためてリオの環境と開発会合に駆けつけ、会議の行方に少なからず影響をもたらしたカナダの子供環境運動(ECO)の参加者の一人、12歳の少女セバン・スズキの名演説「あなたたちは、私たちに、直せないものは壊すなといい続けてきたが、なぜ直すことのできない地球を壊し続けるのか……私たち子供の未来を真剣に考えているということを行動で示してください」という一節である。

SATOYAMAイニシアティブ、社会生態学的生産ランドスケープ

COP/CBD―10(生物多様性条約第10回締約国会議)では、日本政府ならびに国連大学高等研究所の提案であるSATOYAMAイニシアティブが決議された。その考え方と長期目標は、自然のプロセスに沿った社会経済活動(農林水産業を含む)の維持、発展を通じた「自然共生社会」の実現にある。

生物資源を持続可能な形で利用、管理し、結果として生物多様性を適切に保全することにより、人

間は様々な自然の恵みを将来にわたって安定的に享受できるようにする。そのため、ＳＡＴＯＹＡＭＡイニシアティブでは「社会生態学的生産ランドスケープ（Socio-Ecological Production Landscapes; ＳＥＰＬ）[※3]」と呼ぶ地域における人と自然の関わり方を社会的視点や科学的視点から見つめ直そうとするものであり、それについて三つの行動指針が提案された。つまり、

- 多様な生態系のサービスと価値の確保のための知恵の結集
- 革新を促進するための伝統的知識と近代科学の融合
- 伝統的な地域の土地所有・管理形態を尊重した上での、新たな共同管理のあり方（「コモンズ」の発展的枠組み）の探求

——である。

この発想は、まさにリオ＋20の主題グリーン・エコノミーの主軸とされるべきである生態系サービスの持続的享受そのものであるといってよい。

地球の資源は無限であるとするところから生まれた産業革命は、科学も技術もその無限の資源をより合理的に人間生活やその集団である国家に活用しようとしてきた。その発想を長く続けてきたことにより、地球の環境容量が、人間に浪費される一方の生物資源と地下資源の双方の量的限界（ティッピング・ポイント）が近づきつつある。リオの主題がグリーン・エコノミーとされたのも、こうした地球の厳正な事実を前提にした「環境革命」の方向の一つがその概念に集約され、明示されたと考え

ても大きな飛躍ではない。

里山に類似した人間社会と自然が共生する社会生態学的生産ランドスケープは、世界にも多く見られ、我が国に特出したものではない。長年にわたって人間の影響を受けて形成・維持されてきた農山村およびそれに隣接する農地、森林、草地などで構成されたランドスケープを里山的ととらえるならば、環境省と国連大学高等研究所により紹介された、フィリピンのムヨン（Muyong）、インドネシアやマレーシアのクブン（kebun）、韓国のマウル（mauel）、スペインのデヘサ（dehesa）、フランスのテロワー（terroir）などの事例が挙げられる。

論者もまた、5年にわたるケニヤのサバンナであるマサイマラの研究調査の最中にたびたび目撃したマサイ族によるサバンナの火入れの習慣からそれを学んだ。彼らは、もっとも大切な財産であり、生活の基盤である牛を守るためには、ライオンなどの肉食獣が飢えないことが肝要であり、そのためには彼らの餌となる草食動物の適度な繁殖条件を保たねば、牛の安全な放牧に支障をきたすという考えを基本に、それぞれの草原類型に沿った火入れを定期に行い、その基盤を保つというものであった。そうした意味では、マサイが関与するサバンナですら自然空間ではなく、社会生態学的生産ランドスケープの一つと見ることもできよう。

我が国の自然資本尊重型の生活文化とその叡智・里山文化

我が国の里山とは、四手井綱英が農用林を読み替えた言葉として知られているが、別な見方をすれば、SATOYAMAイニシアティブに明示されているように「社会生態学的生産ランドスケープ」そのものであり、人が常に自然と関わることによりもたらされた、生態系サービスの恒常的享受の条件の担保と、自然の応力を最小化させる機能を地域や国土の空間に投影したものといえよう。

とりわけ我が国は、美的ではあるが厳しい自然、災害と表裏一体の恵みという条件から自然を読み解き読み取ることが、安心安全な日常の暮らしを営む上に必然であった。

その構造は、まず里山から内側に向かい、「野辺」という空間が存在する。その多くは入会《いりあい》、つまり所有と利用が2層になったコモンに類似した空間であり、そこは採草放牧地や萱場《かやば》といった里人の生活に寄与する機能に加えて、貴重な生物層が維持されていた。さらにその内側に「野良」、つまり農耕地が広がる。そして里には、そうした景観を映し見立てた構図を描き出し、自然の恵沢への感謝と畏怖を表したと理解できる「庭園」、あるいは農家の生活や生産に寄与する多目的用途の「庭」を伴う設《しつら》えが生まれた※4。庭園や庭場を通じ、自然との対話の生活が日常化する。

自然と対話し自然を読み取る力がなければ生産も、災害への備えも成り立たないという特殊な風土の中の暮らしがそこにあったがゆえの構図と考えることもできよう。里山から里に向かう内側には、自然共生と循環のシステム。人が自然に積極的に関わる「手入れ」により、最大の収穫量を得ながら、生態系の持続性も担保するレジリエンス（自己再生力を伴う）なシステムをそこに完成させた。いわゆる「つなぎ」と「まわし」、つまり循環型社会システムを基層とした世界である。

列島の近畿、東海から関東そして東北の一部まではクヌギ、コナラなど落葉広葉樹の多目的農用林であり、東北にはブナ、ミズナラなどによる山腹崩壊防備や水源涵養と水害防備、山陰あるいは一部の三陸には、たたら製鉄のための炭を生産する「たたら山」、瀬戸内海には、揚げ浜式塩の生産のための「塩木山」といったようにその地域ごとの、自然資本を活用した生産類型により独自の里山を形成してきた。

里山から奥の世界は、いたずらに人間のご都合で自然に対応することは禁忌とされた空間であった。そこを統《す》べるのは山の神であり、その依代《よりしろ》の「嶽」と、その前哨の「奥山」が存在する。そこに立ち入り、木材や獲物を得るにはまず神意を尊重せねばならない。神の名の下に厳正な自然を、保全する叡智がそこに見られる。

例えば白神山地のマタギは入山すると日常の言語は用いず、特殊な山言葉を用いて山の神に敬意を表す誓約を当然としたという※5。

しかも、我が国においては都市に至るまで、里山を結界とする構図がそのまま持ち込まれた。いわば自然と文明の入れ子の構造である。欧州の都市と異なり、都市に城壁はなく、城のみに城壁が備わる。農地やあるいは庭園といった自然的空間が当たり前のように、都市を囲み、一部は都市の中心部にまで入り込む姿で、都市の静脈部分、有機的な廃棄物や排泄物を農林地・緑地により消化させる、自律循環ともいえる社会システムを、そこに確立していた。

東日本大震災と景観

自然資本を基盤に営まれた東日本大震災被災地域の景観像

被災地の過半を占める東北地方の多くは、総体的には積雪豪雪地帯でありながら、その複雑な地形条件と海流の条件から、一部には無雪に近い地域もあるなど、厳しくも複雑多岐な自然条件下に暮らしを営む地域である。

それゆえに、それぞれの地域の自然特性と折り合いをつけながら、自然と呼吸し合うがごとくの暮らし方を投影した独特な社会生態学的生産ランドスケープを今日に至るまで目にすることができる。よって、そのモザイクのような風土特性の連なりが実に魅力的であり、自然と共生した景観を考える上に多くの示唆を与えてくれる。

その東北に、ここ十数年の間、およそこの地方には不似合いな、産業革命の津波が押し寄せてきていた。自然環境とは無縁な工業立地がかなりの勢いで進出したのである。その雇用吸収力は目覚ましく、それまで出稼ぎという現金収入に頼らざるを得なったこの地域に、地場で現金収入を得られるという成果を生んだ。その結果、農林水産業の兼業化が一挙に進展した。

その一方で、我が国社会の基層であるゲマインシャフト、つまり地縁結合型社会、言い換えれば、経済的には決して豊かではなくとも、地域の連帯感に支えられ、孤立せず、心の貧しさに陥ることのない社会システムが深い絆として存在した。

産業革命的工業立地は、そうした社会的支えを持つ伝統的なシステムに大きな綻びを生じさせた。人々のつながりが奪われ、他の地方と同様、ひたすら豊かさを追い求める社会、ゲゼルシャフト型社会、利益結合型社会へと変貌してしまったのである。

その結果、より経済的豊かさを得られる場を求めて人口の流出が続き、遂には、2050年の総人口半減が最も懸念される地域となってしまい、「在所一番」的思想が消去されるに至った。そのような社会システムの変貌は当然にして景観を大きく変貌させてしまった。

そのような状況下に今次の災害が起きてしまった。その先行きを展望すると、果たして震災後の東北はどこに行くのであろうかとの懸念が重くのしかかる。

しかし別な見方をすれば、列島のほとんどの地域において行きわたってしまった、虚しさを伴いながらフローとしての豊かさを追い求める産業革命モデルに対し、この災害を奇貨として、今起きつつある環境革命に相応しいライフスタイルのモデルを創造する大いなる契機かもしれない。

もしそれが可能であるならば、そのモデルは、我が国のみならず世界に対し、わけても発展途上国に貢献できる自然共生型モデルの一つになり得る。

多大な復興の投資をてこに、東北を環境革命に即した持続性が担保されたストック型の地域として再生するチャンスとせねばならない。それこそが、多大な犠牲者の御魂に応える意味ある姿であろう。復旧は急いでも、安易な復興を選択せず、新たな方向を目指そうと決意する覚悟が、東北の人々に問われている。

被災地以外の我々もまた、こうした悲しみを啓示あるいは奇貨と考えるべきであろう。未来に向けて新たな人類の革命、地球の持つ環境容量を尊重し、その枠組みの中で自然と人間の共生を図る「環境革命」に即した方向を、この機会をとらえ強力に支援し、自らの地域にもそうしたシステムを回復させる意義を深く認識すべきである。

人類史をひも解けば、災害や疫病、そして戦争という悲劇、とりわけ巨大な自然災害時において、歴史的なターニングポイント、際立った価値観の転換が生まれてきた事実を深く瞑目すべきであろう。

産業革命の延長線上に均質化される国土景観と被災地域の景観

今回の東日本大震災を顧みると、論者がかねてより主張してきた国土計画論※6が、そう誤りではなかったことを改めて確認し、もっと声を大にして主張すべきであったと悔やまれてならない。

これまでの主張とは「自律分節型（分散自己完結型）」の地域を相互に連結したイメージ、つまりクラスター型の国土づくりである。

今日まで130年間、我が国が追求してきた国土像は、あの列島改造論に代表されるように、社会資本の地域的偏在を防ぎ、その水準を全国一律、平準的に底上げしようとするものであった。全国総合開発計画とは、そうした方向で社会資本の構築を計画的に実現するメニューそのものであった※7。

その効果は大きく、なかでも交通条件の飛躍的改善がもたらした社会的便益は実に大きかった。先述の出稼ぎといった経済格差がもたらす所得の再配分のやむを得ざる仕組みの改善がその典型であろう。

それゆえに、広域・集中・巨大といった形容が冠せられる方向こそがいかにも理想的社会を構築する最上の手段であり、理想とする社会目標は、それを強力に推進する結果、達成できるとの誤認を生んだ。

例えば、発送電の一元化、広域下水道など排出物の広域処理など、最も重要な社会資本の基盤である静脈・動脈、そして交通網全てにそうした発想が行きわたってしまう。

一見すると広域・巨大な対処は合理的であり、経済的合理性を生むかのように見える。しかし現実には様々な矛盾がその規模の渦中に呑み込まれてしまう。とりわけ、我が国のようなモザイク型の国土であればこそ、重要な視点、つまり適正規模、そして地域独自の個性的景観の保持という視点と、その価値を大きく損ねてしまった。

また、そうした思想の集積は結果として、自然の力は文明力により制御が可能という思想を横溢させてしまう。土地にまつわる自然の形質や、その風土性の中に育まれてきた文化はほとんど無視される。まさに、今次災害の福島原発事故や、三陸の津波防潮堤の能力への過信などは、その典型であろう。

一般的には「金太郎飴型」の国土構造という形容で、こうした状況が批判されてきた。にもかかわらず、未だ地域力という尺度を、そこに投影された文明の度合をもって語る悪弊は変化を見せていない。自然との応答関係を地域に投影した文化的蓄積は過小評価され、観光の世界でのみ、部分的な地域独自の景観がさながら書割のような姿や、写真の題材としてかろうじて評価されるばかりである。その貧弱な景観像の現状に豊かさを追い求めるばかりの社会像が、常に現代社会の下敷きとなっている様相が見てとれる。

産業優先社会に埋没する農のランドスケープ

国土構造の均質性の追求は、とくに農の世界、我が国の基幹的景観ともいえる農のランドスケープと、その周縁の社会生態学的生産ランドスケープに顕著な形で負の姿として現れてしまう。

その深刻な歪みは農林地の保続を支える肝心な担い手の状況に現れている※8。例えば農家の戸数は、

1960年606万戸から2005年には285万戸と半減し、農地面積もまた、1960年の607万ヘクタールから2005年には469万ヘクタールと大きく減少してしまった。また、耕作放棄地面積も、1975年13・1万ヘクタールが2005年38・6万ヘクタールと、全農地の1割（埼玉県と同面積）にまで達している。

生産効率が飛躍的に向上した米作農業を、兼業可能な農業として優先して保護した結果、専業農家の育成は中途半端に終わり、中山間の零細農家は、先述した内陸部への生産工場などの事業所の進出に起因して、兼業就労機会が生じた結果、これまた中途半端な状況となる。

これなどのほとんどは、あくまでも農林水産業を食糧や木材など生産物を目的にした産業として位置付けることから脱しきれない農業政策がもたらした結果である。

農家の労働報酬は、北海道（1493円）を除き、時給421円（600円強の最低賃金以下）と計算され、現実の生活は兼業による農外所得と年金に依存せざるを得ないという構造が長年にわたり放置されてきた。そして、その農業の実際の担い手の高齢化がとどまるところを知らぬ勢いで進んでいる。65歳以上の農業者は1975年の21％が2005年には58％となっている。

こうした米作優先の兼業農家が中心という実態を自給率に換算すれば、国内農地（田253万ヘクタール＋畑212万ヘクタール 計465万ヘクタール）だけでは昭和20年代の食生活維持ぎりぎりの水準でしか機能しない。国民1人あたりの農地についても2007年の111坪（3・7アール）

にすぎず、これに対して海外に依存する農地はなんと265坪（英国861坪）という結果が出ている。

しかも限界集落（65歳以上の高齢者が総人口の半分以上を占める自治体を限界自治体という。高知大・大野晃説）が拡大し、国土保全の砦ともいえる中山間から奥山地域の集落を中心に、6万2300集落のうち、限界集落が7873集落（12・6％）、さらには「機能維持困難集落」が2917集落（4・7％）もあると試算されている（国土交通省調べ）。

また、農家人口という観点でみれば、2007年には36万3630人と1950年の98万4786人に比して3分の1近い惨状を呈していることが見てとれる。

さらには漁業人口の趨勢も深刻である。現在の就労者は約20万人（2万人以上は北海道と長崎県のみであり、1万人を超える県はわずかに三重、宮城、青森、愛媛、岩手、熊本。山形では778人）というありさまである。

たとえ震災がなくても、東北ではこうした人口減少問題への取り組みが最重要課題であった。

先にも論じたように、東北地方の一次産業は、様々な歴史的経緯から二極化するに至った。農業・水産業の双方に見られる特色であるが、生産から加工、販売に至る垂直統合を実現したほんの一握りの競争力あふれる事業グループと、その土地に定住することを一義的な目的とし、農林水産物生産の多寡を必ずしも目標、経済的成果としない家業型あるいは兼業型があり、この層が大多数であるという現実である。自家消費を最低の生産量とし、余剰を市場に出すという構図である。現にこうした構造が、質の面における一定の評価に基づく供給機能を果たしている。

このようなことが可能となったのは、言うまでもなく日帰り圏内に就労の機会を得られる構造が生じたからである。

そのような要因もあって、高年齢層は「在所一番」という地域に対する誇りと愛着を支える景観が心に投影し、その土地に生きる喜びが定住を選択させたが、給与所得を重視する若年層は、生活拠点を就労地に近いところに移すという方向が顕著となった。これが農山魚村における集落崩壊や離農の大きな原因となっている。

食糧生産機能のみならず多機能な公益性を持つ農林水産空間の評価

前述したように、これまでは農林水産空間イコール食糧生産とあまりにも短絡的に考えてきた。しかし条件不利地で居住する人々と、その社会生態学的生産ランドスケープが担う機能はそればかりではない。農林水産空間に暮らす人々の集落崩壊現象を一刻も早く食い止めねば、生産物どころか国土の維持がおぼつかない。

とりわけ、中山間地の対策が急がれる。デリケートで厳しい自然と対峙しつつ、歴史的に時間をかけて自然と共生する生活圏を維持、拡大してきた成果が、そうした地域には存在するからである。

例えば、3兆2000億円の生産額を持つ農地。しかしその農地の持つ価値は、食糧生産の場である以上の社会的共通便益を持つ。なかでも283万ヘクタールの水田だけをとらえてみても、環境保全の便益効果は、年間4兆7000億円に達するといわれている。

また林野庁では、森林の公益的・多面的機能の経済評価として、水源涵養1兆2391億円／年、表面浸食防止28兆2565億円／年、表層崩壊防止8兆4421億円／年、洪水緩和6兆4686億円／年、水資源貯留8兆7407億円／年、水質浄化14兆6361億円／年、保健・レクリエーション2兆2546億円／年とその試算を公表している。

生物多様性の維持と国土保全機能維持の視点から、生活圏や農林水産の生産にとって不利な条件地であっても、人々が居住の継続を選択できる政策が不可欠である。なぜならば、そのような公益的・多面的機能を他の手段で賄うとするならば、そのコストは将来損失を加味して極めて多額となり、結果として大きな国民負担となるからである。

COP10でも世界が理解したように、人が恒常的に自然に関わり続けることにより、生態系サービスを持続的に最大化してきたSATOYAMAシステムの価値は大きい。農林水産業は生物多様性の守り手であると同時に、破壊者でもあるという特殊な側面を持っている。

産業革命下の社会では、工業化が優先され、広域・巨大・集中・集権をキーワードに社会が構築され、ジャストインタイム的な生産システム、排出物の処理、エネルギー供給の全てにわたり、巨大で広域的対応こそが合理的という思想の下に、あらゆる社会資本と行政のシステムが構築されてきた。その陰で、モザイクのような自然特性と応答しつつ、営みとしての多様性に富んだ歴史を刻んできた地域文化や伝統的農林水産業のシステムは無視され、漂流を余儀なくされて久しい。

持続的未来を確保する自然資本重視型社会像が投影した景観と伝統的叡智

自然の応力を最小化し持続的生態系サービスを担保する「いなし」の景観

これまであらゆる機会をとらえて、繰り返し論じてきたように、我が国の祖先の営みは、美しいがゆえに災いも多い日本というこの国土の特性を「避ける」「逃げる」「いなす」あるいは「うつろいの尊重」などの知恵と「負けるが勝ちのデザイン」を推敲し、平安な暮らしを営むために、地域の自然特性に即した農林水産業を育み、あわせて国土保全を図る社会生産的生態ランドスケープを具体化させてきた。いわばレジリエンスの思想の顕在である。そればかりか、そうした思想を基層に、土木・建築・造園の世界においてもレジリエンスの技術を独自に発展させ、磨いてきた。

例えば伝統的治水技術を見ると、いたずらに堤防で河川を閉じ込めるばかりではなく、信玄堤と呼ばれた霞堤や越流堤に見られるような、流速を弱める「水制」を重視し、増水時には計画的な破堤または不連続な堤防によりその力を逃がすとともに、河畔林などにより夾雑物《きょうざつぶつ》を取り除いた溢水を、逆に肥沃な養分として農業に利用するなどの知恵を磨いてきた。

また世界の陸地面積のわずかに0・25パーセントでしかなく、世界に起きる震度6以上の地震の2割が起きている我が国において、あの五重塔に代表される建築技術、つまり木造軸組みを主流とし、地震力を継ぎ手や仕口で逃がす技法が磨かれてきた。

棚田もまたしかりである。棚田は食糧生産を目的にするばかりではなく、火山国である我が国の地質的特性を受け、豪雨の際に頻発する地滑りを防ぐため、雨水の一時貯留の機能を兼ね合わせた手立てでもあった。その知恵は奥深い。

生態学的ユニットとしての地域区分と景観

このような自然資本重視の思想は、我が国が国としての形を制度的に整えた701年の文武天皇治政下の藤原不比等による大宝律令にも色濃く表れている。

畿内、六道そして六十余の「令制国」が定められた基準は、基本的に自然特性を形成する地理的区分、わけても流域界に則っている。やがてそれらの国は、江戸幕府開府により、さらに地形特性で細分化され、おおむね300近い領域、別な見方をすれば、ある種の生態系ユニットでもある「藩」に継承された。

幕藩体制下では、鎖国と藩という二重の閉鎖系システムを持つ体制となったがゆえに、必然的にモザイクともいえる細分化された自然特性を持つこの列島の、各々の地域特性に従った藩の経済的自立が強く求められた。その結果、治世の重要な手立てとして自然の恵沢、わけても生物資源の特性を知ることが重視され、地域の自然特性を幕府が把握することにも力が注がれた。8代将軍徳川吉宗による「享保・元文諸国産物帳」などがその典型である。

各藩は米の収量を上げるのみならず、地域資源を洗い出し、いわゆるその土地ならではの特産物、つまり「身土不二《しんどふじ》」といえる産物の開発、そして効率的な加工技術を生み出し、貨幣経済にも対応できるように血道をあげた。

しかも、それは一過性の生産ではなく、恒常的な生産が担保されるという前提を常に持っていた。例えば、あの柳沢吉保が川越藩主となった折に荻生徂徠の進言を得て開発した、幅40メートル、奥行き682メートル、およそ5町歩の中に里山・耕地・屋敷林などを包含させた「三富新田」などがその代表例といえる。

このような自然を読み取る努力を重ね、身土不二的な特産品を生むことに成功した地域が、豊かな暮らしと、繁栄を享受した。

つまり我が国では政治もまた自然特性、つまり自然の恵沢の基準を基本とした単位に則っていたと考えてよさそうである。各々の地方の出身者は、たとえ東京に居を移しても、出身地域の心のランドマークとしての景観像、心象風景を想起し、望郷の糧としていることを思えば、景観がただ単に視覚的・物理的な議論だけにとどまらないことが理解できる。

おわりに

そもそも東京帝国大学の三好学がランドスケープの語源でもあるドイツ語のラントシャフトから景観という言葉を案出した。景観・ランドスケープはそのゲマインシャフトがその土地に可視化された状態を指すと考えることができる。しかしながら、ドイツの社会学者フェルディナント・テンニースが指摘するように、産業革命は地縁・血縁的地域共同体ゲマインシャフトを利害関係でつづられた社会ゲゼルシャフトに変換させてしまった。

いずれにしても環境革命実現の最も有効な方策は、持続的未来を担保するための技術的方策のみならず、無縁社会からゲマインシャフト、有縁社会への復帰、コミュニティの再生による社会システムの具現化、「絆」の復権にあるといえよう。

リオ＋20の主題が「グリーン・エコノミー」と「持続可能な開発のための国際枠組み」になろうことは、冒頭に述べた。論者はこの議論を「持続可能な生態系サービスを享受するための社会システムの再確立」にあると見ている。

やがてティッピング・ポイントを迎えようとする、地球の生物資源を主とした生命圏のシステムの危機を前に、先進国がまずその成長量を抑止する。その上で抑止されたボリュームを、未来への持続性、残余の部分を発展途上国の成長分として位置付けるという発想もあってしかるべきではなかろうか。

地球資源、わけても生物資源のシステムの環境容量の限界がタイムテーブルに明示されている以上、未来を「坂の上の雲」的発想、未来こそ成長とするトレンド的思考ではなく、限界から現在のあり方を考える「バックキャスト」的発想を重視すべき時代にあるといえる。

であればこそ、一定の時間の枠組みの中で再生産できる生物資源を、人がその遷移《せんい》に積極的に労力と知恵を供することにより、恒常的に恵沢として享受する社会生態学的生産ランドスケープのあり様、つまり「里山的システム」により、永続的に自然と共生する伝統的ライフスタイルや技術に学ぶことが大きい。

いずれにしても、景観論はただ単に視覚化された自然や文物を論じるのではなく、冒頭に述べた自然に対する人間の社会システムの投影、ゲマインシャフトの観点を抜きにしては成り立たない。庭園ですら、その意匠は各々の時代の社会や精神のメタファーの結果のデザインとして読み取ることができる。

論者が「景観10年・風景100年・風土1000年」と論じるのも、人間の行為が現代という時代をただ視覚的に表現あるいは現出したものであるのか、その行為が地域の自然と同化し暮らしに固定化され恒常性を持つものなのか、やがてはその恒常性が地域に暮らす人々の思考や生理にまで浸透し人格形成にまで影響するものとなるのかといった文脈を重視するからである。

その一方で「景」という文字を分解すれば京、つまり都市に日が昇るあり様と理解できる。やや強引な解釈ではあるものの、各々の都市や地域が内発的に輝こうとする様と考えたい。また「観」は視覚的な世界ではなく精神世界ととらえられ、浸透する姿と理解できなくもない。

つまり「景観」とは、それぞれの地域や都市が、自然との関わりの中で独自に見出した社会システムの価値を輝きとしてとらえ、それを「在所一番」の概念のように誇りや幸福感として、精神性にまで高めた姿が本来の意味であると理解したい。

※1　p163　エコロジカル・フットプリント：地球環境持続のための実践プランニング・ツール、マティース・ワケナゲル、ウィリアム・リース、池田真里訳、和田喜彦監訳、合同出版、2004
※2　p165　リオ＋20に関する国際的な検討状況：三菱総研、2011・7
※3　p167　SATOYAMAイニシアティブ：環境省 生物多様性地球戦略企画室、国連大学高等研究所、2010・10
※4　p169　景観から見た日本の心：涌井史郎、NHK出版、2006・7
※5　p170　板橋義三：マタギ語辞典、現代図書、2008・2

※6　p173　涌井史郎、ランドスケープ研究：㈳日本造園学会、75⑶、2011・10
※7　p174　川上征雄、国土計画の変遷：鹿島出版会、2008・4
※8　p175　2010年農業センサス：農林水産省、2012・2

我が国の景観行政の取り組みの経緯と現状

我が国の景観行政の取り組みの経緯と現状

国土交通省都市局公園緑地・景観課長　舟引　敏明

はじめに

本稿では、第一に我が国の景観に関係する政策の発展経緯について、法制度における概念規定と制度の展開として説明するとともに、第二に現在の取り組みの全体像、特に国土交通省の景観行政が大きく進展する契機となった平成15年の「美しい国づくり政策大綱」と、それに端を発する様々な取り組みの進捗状況を紹介したい。

1. 景観に関係する法制度の展開

平成16年に「景観法」が成立し、我が国で初めて法律の名称及び目的等に「景観」という言葉が明示された。また、平成20年には、国土形成計画の全国計画において、初めて「ランドスケープ」という言葉が用いられた。これらの言葉が法令や国土計画で用いられるということは、「景観」や「ランドスケープ」によって表される概念が我が国の社会で重要になってきたことを示している。とはいえ、これらの言葉が法律や法律に基づく計画において明示されるのは最近になってであるが、風致、風景などの関連する概念による個別分野の取り組みは、従前から国土計画や都市計画の一環として行われてきたもので、様々な分野で一連の政策群が形成されている。

ここでは、まず、我が国の国土計画や都市計画制度に用いられている景観に関連する概念について、その全体像と個別の法制度における考え方を整理し、この分野の政策がどのように発展してきたか、また、その結果としてどのような法制度が構築されているか等についてみる。

(1) 景観の概念

まず、基本となる「景観」の概念とその関係についてみていきたい。景観という言葉の概念は広いうえ、景観法においても景観の積極的な定義はなされていないこと、また、一般的に用いられる言葉や学術的に用いられる言葉と、法律に定義される言葉の概念は必ずしも一致していないことに留意しておくことが必要である。

景観という言葉は、一般的には風景、外観、眺めといった意味を表しているが、一方で土地の広がりといった概念を含む場合もあり、広範な概念を含む言葉である。過去の文献では、景観はドイツ語のLandschaft（ランドシャフト）や英語のLandscape（ランドスケープ）に対する訳語であり、景観を土地の広がりを示す「地域」と同義の場合と、地表の可視的な形象に限る場合のとの二つの系列が見られ、その中ではLandschaftの訳語では地理的地域概念に重きが置かれ、英語のLandscapeの訳語では視覚的側面が強く出る傾向があるとされている。また、Landschaftに景域という言葉を用い、自然地理的、生物地理的かつ文化地理的機能を含む地域概念を用いている場合もある※1。

(2) 国土形成計画における景観の概念

平成20年に策定された国土形成計画の全国計画において、「ランドスケープ」という言葉が用いられた。第1部「計画の基本的考え方」第3章「新しい国土増実現のための戦略的目標」第4節「美しい国土の管理と継承」の中で、『我が国が持つ歴史・文化、多様で良好なランドスケープ等の魅力を高めるとともに、国民一人一人が美しい国土の管理と継承を担っていく』、『人の営みと自然の営みが調和した多様で良好なランドスケープの形成を図る』と記述されたほか、第2部「分野別施策の基本的方向」第7章「環境保全及び景観形成に関する基本的な施策」第3節「良好な景観等の保全・形成においては、『(1)健全でうるおいあるランドスケープの形成』という施策項目が設けられた。国土計画はもとより、政府の策定する様々な全国計画の中でもランドスケープという言葉が用いられたのはこれが初めてである。

ここでは、ランドスケープは「人の営みや自然の営み、あるいはそれらの相互作用の結果を特質としており、かつ、人々がそのように認識する空間的な広がり」と定義されている[※2]。この定義は、風土や景観、風景を含む広範な概念として、欧州ランドスケープ条約の前書きを踏まえた、世界語としてのランドスケープ概念を表現したものであると考えられている[※3][※4]。これは一般的に用いられる景観より広い概念であり、どちらかといえばLandschaftの訳語として用いられる地域を含む用法に近い。

国土形成計画においては「景観」は様々な項目で用いられている。大きな点では「ランドスケープ」が用いられた第2部第7章「環境保全及び景観形成に関する基本的な施策」、及び第2部第7章内の節のタイトルに用いられており、景観形成の施策の一つとしてランドスケープの形成が位置付けられるという、包含関係になっている。また、良好な景観が必要とされる空間として、都市、農村、文化・観光、流域圏、海岸、海域、生態系、里地里山など多くの空間が対象とされている。いずれの場合も「景観」は対象とする空間の視覚的な側面を表している。

前述したランドシャフトが地域概念を含みランドスケープが視覚的な側面に用いられる用例とは異なり、国土形成計画ではランドスケープが地域概念を含み景観が視覚的側面を表す用例となっていることに留意したい。しかし、実際に全国計画を受けて策定された八つの圏域別の広域地方計画においては、「景観」という言葉は単体でも多く用いられるだけでなく「都市景観」、「文化的景観」、「自然景観」といった複合的な使用も多い。これも同様に視覚的な意味合いで用いられている場合が多い。一方で「ランドスケープ」という言葉が用いられたのは、「首都圏広域地方計画」の1計画に留まった

※5。「景観」が一般的に定着しているのに対し、「ランドスケープ」は定着していないことが分かる。

(3) 景観法の基本理念の特徴と意義

次に、初めて法律の名称及び目的規定に景観という言葉が明示された平成16年の景観法における概念規定をみる。景観法では、景観という言葉の定義については特段の記述はなされていないため、一般的な意味で用いられていると考えられる。運用指針等においても同様である。その代わりに景観に対する基本的な考え方として5項目の基本理念が法第2条に示されている。

その中で特に重要なのは、第1項と第2項であり、良好な景観は国民共通の資産として整備と保全が必要であること、そしてそれは適正な制限の下での土地利用が必要であることをうたっている。これは、景観は国民の福祉のために必要であり、財産権に対して一定の制限ができることを示したものである。景観法の大きな意義の一つに、自治体によって条例策定によって確保しようとしていた良好な景観確保の動き※6に対し法的な根拠を与えた点がある。条例に基づく行為規制では財産権の制約に関し限界があるが、景観法はこの制約に対し法的根拠を与えるものであり、その根拠はこの第1項と第2項である。これを定めることにより、景観計画、景観地区等に基づく建築物の意匠・形態の規制が法に基づく公共の福祉の実現として実施することが可能となった。

重要な点の2点目は第3項で、良好な景観は地域の固有の特性と密接に関連するものであり、地域住民の意向を踏まえて形成が図られるものであるとした項目である。これは良好な景観の定義についての一つの判断である。すなわち、景観法上良好な景観の定義は国として示さないものの、事実上良好な景観は地域住民の意向を踏まえて決めることができることを示したものである。

3点目は、第5項で良好な景観の形成には景観の保全だけでなく新たな景観の創出が含まれることを示した点である。これは、既存の景観が優れた地域だけでなく新都市等においても景観法が適用できることを明確にしたもので、それまでの景観関係の法制度が基本的に既存のすぐれた景観を保全することを目的としたことから踏み出したものである。

以上をまとめると、景観法では景観は一般的な意味で用いられているが、地域住民の合意を得て計画に定めるという法に基づく手続きを踏まえることにより、個人の権利を制限することができる公益をもつ景観になるという構成をとっている。良好な景観の内容には一切触れていないという点では極めて地域分権、地域主権的な法律と見なすこともできる。また、最も難しい定義、判断を地域に委任することにより成立が可能となった法律であることを示しているともいえる。

なお、景観法の対象となるエリアであるが、第1条の目的に「都市、農山漁村等における良好な景観の形成を促進するため」としてあり、都市、農山漁村、自然公園区域等の広範な地域を対象とする考え方であるが、景観計画の策定対象は都市、農山漁村等と一体となった区域とされ、一定の人が居住している地域を想定しており、すべての国土を対象としているものではない。

ただし、それまで都市行政において良好な景観についての定義が検討されなかったわけではない。参考として景観法成立以前に都市行政において景観についてどのように考えられていたかを、昭和56年の建設省都市局による調査における整理をみていく※7。この調査は都市計画行政として初めて景観を対象とすることを目的として行われたものである。そこでは、景観という言葉を、「地形、植生、建造物等の織りなす視覚的環境としてとらえ、そこに歴史・文化・社会的意味や個人的体験が加えられることによって、日常生活に美と潤いをもたらし」と視覚的な側面に重点を置くものとして定義している。次に、都市景観の構成要素として、視点、視点場、中間場、対象の四つに分け、観察者である視点を除いた視点場、中間場、対象の三つの景観要素のデザインを通して、好ましい景観の創出、好ましい景観の保全、好ましくない景観の排除という三つの要件を実施することにより、良好な景観をコントロールすることが必要であるとしている。そして、その際の評価視点となる価値として、演出的価値、説明的価値、美的価値の三つを掲げ※8、これにより必要性を判断することとしている。これをみると、良好な景観の定義について、一定の方法論で判断が可能な仕組みとして考えられていたことが分かる。また、実現はしなかったが、意思決定の仕組みについては、都市景観マスタープランという計画システムの中で、オーソライズを図ることとしており、都市計画のマスタープランの充実を進めていた当時の都市計画行政の中で、位置付けを図ろうとしていたものと見ることができる※9。当時立法化への動きにつながらず法制度として実現しなかったのは、このような複雑な概念を法制化することが法技術的に難しいこと、地方自治体における実例がその時点ではなかったことなどの理由が考えられる。

続いて景観政策について本格的な検討がなされた昭和61年の都市景観懇談会の報告においては[※10]、都市景観は「視覚を主体とした生理的感覚の全てを通してとらえる」ものであり、56年と同様に視覚的なものとしてとらえている。また、良好な景観を形成するため「美しく、わかりやすく、親しみやすく、個性豊かなまちを造り、美しく住まなければならない」とされ、このような内容が良好な景観を構成する概念であるとみている。そしてその実現のために景観ガイドプランを作成し、その中で都市景観形成の課題、目標、方針、重点的に景観形成を図るべき地区などを定め、そしてさらに実現手段として景観形成のための事業の推進と、美観地区や風致地区等の土地利用規制等を図ることとしている。この内容を見る限り、この時点においては、景観形成は政策としては重要であるとの位置付けはなされてはいるものの、法制度として景観形成を位置付けることについて積極的な感触は見られない。なお、この後平成4年の都市計画法改正におけるいわゆる市町村マスタープランの創設時においては、通達において都市景観形成の指針や景観形成上配慮すべき事項の方針を明らかにすることとされ、間接的な形では法制度上に位置付けられたものの、景観に対する土地利用規制等の強制力ある手段を法制化することまでは至っていない。

この段階から景観法制定までの間は、個別の事業制度での対応の進展は見られるものの、制度的な進展はなされていないが、個別の自治体による条例等の取り組みが全国的に進められ、その積み重ねが、一定の公益を持つ景観という概念を法律上位置付ける景観法につながったとみることができる。

(4) 景観関連の概念に含まれる価値について

我が国の法制度における景観に関連する概念を概括すると、当初は自然景観と文化財や歴史的環境といった、それぞれ視覚的な価値や文化的価値を持つものを保護又は観光資源として活用しようとすることから始まり、次に都市景観や農村景観など視覚的価値に重点を置いた景観の概念が次第にふくらんで定着していくとともに、近年になって生態系など生物・生態的な価値がより強く配慮されるようになってきている。

そこで、このような価値について、視覚的に空間の美しさを評価する「美的価値」、文化性の高さを評価する「文化価値」、そして生物・生態的機能を評価する「緑地価値」の三つに分けて整理してみる。美的価値にはたとえば景色、風景、景観、眺望、美観、風致など、文化価値には史跡・名勝、歴史的風土、歴史的風致など、緑地価値には自然保護、緑地保全、生態保全などが含まれる。図1に、景観に関連する制度が対象としている範囲をこの三つの軸に重ね合わせたものを示す。

例えば、自然環境保全法は法律上の目的「豊かな生物の多様性を保全し」を見ると明らかに生物的価値すなわち緑地価値に特化したものであるし、それに対し屋外広告物法は「良好な景観を形成し、若しくは風致を維持し」と美的価値に特化している。文化財保護法は、「文化財の保存」という文化的価値に加え「名勝地で……芸術上又は鑑賞上価値の高いもの」と美的価値を重視しているものである。

特に都市の景観についての制度として設けられた大正8年の旧都市計画法及び市街地建築物法で定められた、風致地区制度および美観地区制度についてみる。風致地区制度は、「風致又は風紀の維持のため」設けられた制度で、当初の指定標準を見ると、建築利用を期待しない土地、古来よりの遊覧勝区、風致的土地利用を行う別荘地や公園広場及びその付近地などが示され、緑地価値と美的価値の両方を対象としている。一方で、緑地を確保するための制度が他に整備されていないことから、昭和8年の基準では樹木に富める土地まで指定対象として明示するなど、緑地価値に重点が置かれるようになっている。さらに、新都市計画法においては、風致の判断の許可基準を明確にすることが求められたことから、樹林の保全

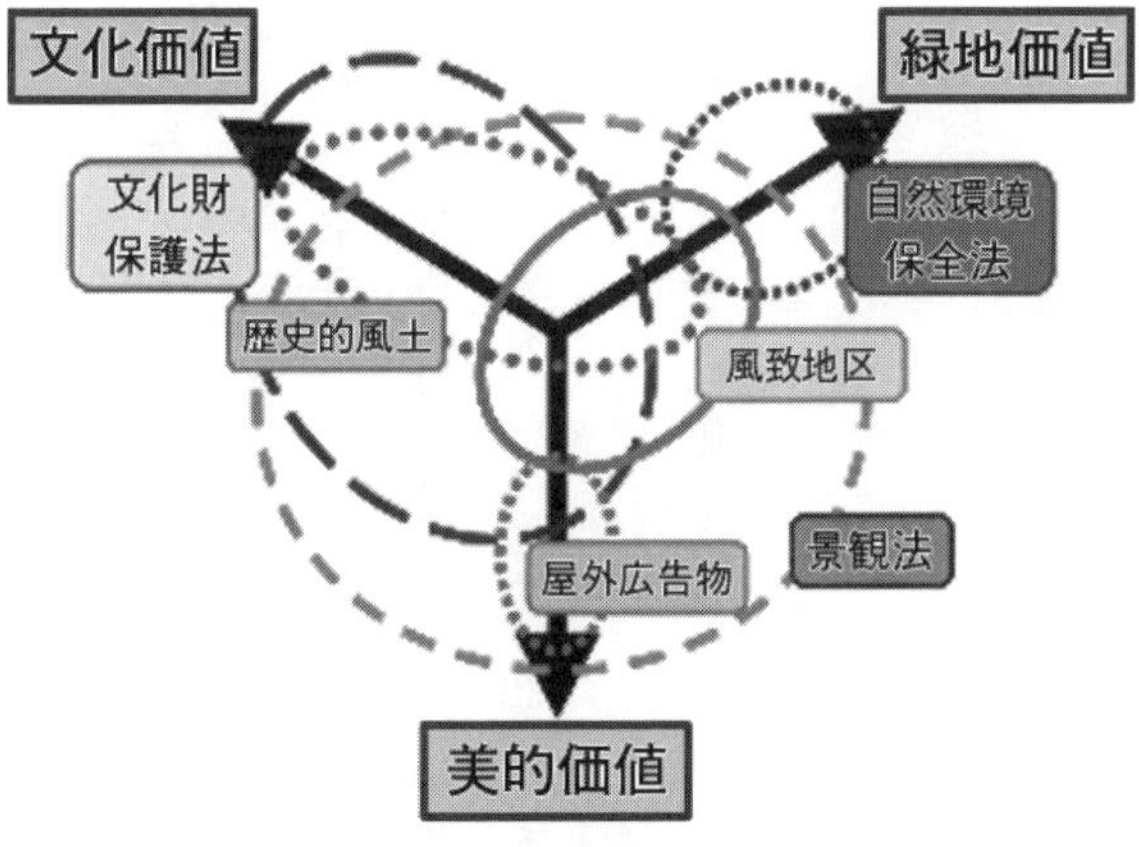

図1　美的価値、文化価値、緑地価値と関係制度

等に重点を置いた基準を置かざるを得ないことなどにより、より緑地価値に傾く運用とされた[※11]。美観地区は、風致地区が自然の美的価値と緑地価値を評価するものであるのに対し、建築物の美的価値に特化しているものである。

景観法はこれらを包括して、地域が認めるものを対象としていると考えることができるが、あえて言えば、美的価値がやや優先しながらも緑地価値、文化価値も対象に含めることができる融通性を持っている。そのため景観計画区域及び景観計画はこれらを含む広範な規制手段を持っている。しかし、都市計画に定められる景観地区は美観地区の概念を引き継ぐものとして位置付けられており、その規制は建築物の形態意匠の制限や高さ壁面線等建築物の美的価値に特化していることに注意が必要である。

このように、美的価値、文化的価値、緑地価値という三つの景観に関連する価値の評価軸を定めることにより、制度の特質をわかりやすく説明することができる。

(5) 景観関連政策の展開経緯

この三つの価値を軸として、我が国の景観関連関係制度がどのように構築されてきたか、大きく制度創設の時期、戦後において制度改正が行われた時期、高度成長期の開発への対応を図った時期、近年の景観法をはじめとする大きな展開時期の四つの時期に分けてみる。図2に、これまでの関係制度の展開を三つの価値との関係で整理し、表1に、各法制度における概念規定・目的規定を整理した。

制度が創設されたのは、おおむね明治時代後半から昭和時代初期までの時期で、公園、保安林、屋外広告物規制、史蹟名勝天然記念物、風致地区・美観地区、国立公園など現在の制度の骨組みとなる各制度が創設された。特に特徴的なのは、明治6年の太政官布達第16号における「古来ノ勝区名人ノ旧跡」、史蹟名勝天然記念物保存法における文化財や史蹟という歴史的・文化的価値の保存、名勝、風致・美観や風景地といった美的価値の保存、また美的価値を阻害する広告物の規制など、美的価値、文化価値が尊重されている点である。保安林全体は治山治水を目的とするものだが、その中にも当初から名所、旧蹟の風致に必要な風致保安林という種別が設けられており、美的価値・文化価値に対して評価がなされた。

次に、おおむね戦後の10年で、ほぼ全ての制度が新憲法の下で現代的な制度に改正された。広告物取締法が屋外広告物法へ、史蹟名勝天然記念物保存法が文化財保護法へ、国立公園法が自然公園法へと名称等が変更になったが、基本となる概念について大幅な変更は行われていない。新たなものとして農地法が施行され、農地の転用を制限するなどの制度が設けられ、対象となる空間に農地が加わった。ただしこの転用制限はあくまでも農業生産の確保という目的のもので緑地的な意味は多少あるものの、景観的側面は有していない。

高度成長期の昭和40年代には、高度経済成長に伴う国土の乱開発への対応が求められたため、都市計画法の大改正が行われ、市街化区域と市街化調整区域の区域区分により、開発を抑制し保全する区域を明確にし、加えて歴史的風土、近郊緑地、自然環境、生産緑地といった新しい概念が導入され、それまで美的価値、文化価値に比べて法的な位置付けが少なかった緑地価値の保全を目的とする制度群が創設された。主として緑地価値を目的とする自然環境保全法もこの時期に成立した。また、それとともに、全国土を対象とした土地利用計画を作成する国土利用計画法が創設され、全国土を都市地域、農業地域、森林地域、自然公園地域、自然保全地域の5地域に区分して計画されることとなった。

そして最近の動きである。特徴は、第一に、地球環境問題の顕在化を背景とした緑地価値の重視である。このことは、生物多様性、生態系ネットワークという概念が政策に導入されたことに見られる。生物多様性、生態系ネットワーク、エコロジカルネットワークは、緑地価値の中でも生態的な価値に特化した概念で、生物多様性条約の締結を契機としたものである。

第二に、景観法の創設による総合的な景観行政への取り組みである。これには「歴史的風致」という概念を追加して、文化価値を拡張した歴史まちづくり法（詳しくは後述する）の創設も含まれる。景観法と関連したものでは、景観農業振興地域、文化的景観がある。前者は、景観法にもとづくものであり景観についての定義はなされていないが、農業地域を対象としたものである。後者は「人々の生活又は生業及び当該地域の風土により形成された景観地」（文化財保護法第2条第1項5号）と定義され、棚田などの農地景観、畑地景観、漁場等の景観等についての価値を特別のものとして認めたものである。「歴史的風致」は、国指定の重要文化財等をコアとした価値の高い有形の資産と人々の活動という無形のものが組み合わさった概念であると定義し、対象となる価値を明確に限定している。歴史的風致という言葉の抽象性を補うために定義を明確にするという景観法とまったく逆の方法を用いている。

図2 日本の行政における景観関連概念の変遷

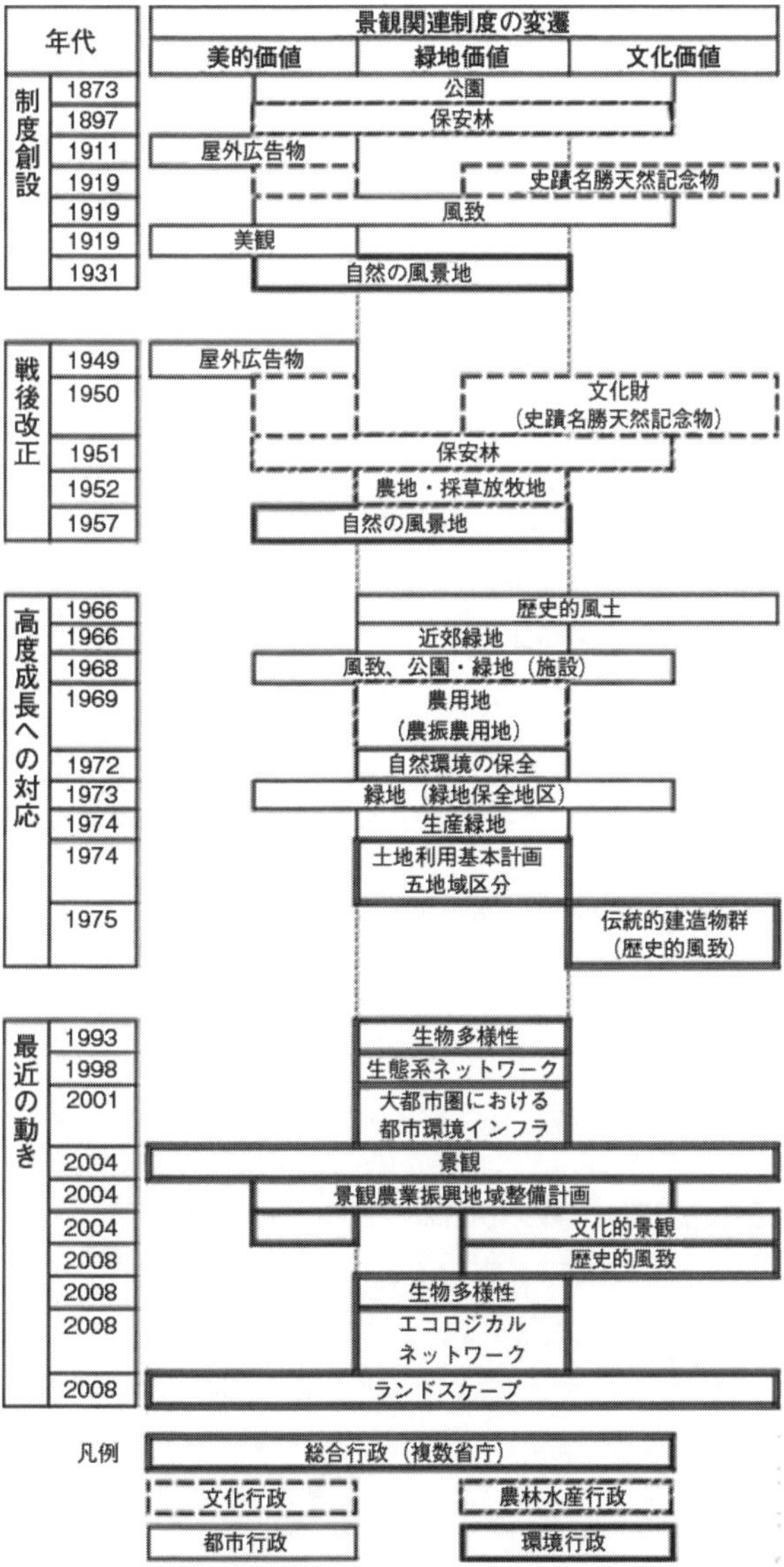

目的	
古来ノ勝区名人ノ旧跡等是群集ノ遊観ノ場所	太政官布達第16号
良好な景観を形成し、若しくは風致を維持し、又は公衆に対する危害を防止	屋外広告物法第2条
文化財を保存し、且つ、その活用を図り、もつて国民の文化的向上に資するとともに、世界文化の進歩に貢献する	文化財保護法第2条
森林の保続培養と森林生産力の増進とを図り、もつて国土の保全と国民経済の発展	森林法第2条
耕作者の地位の安定と国内の農業生産の増大	農地法第2条
優れた自然の風景地を保護するとともに、その利用の増進を図る	自然公園法
国固有の文化的資産として国民がひとしくその恵沢を享受し、後代の国民に継承されるべき古都における歴史的風土を保存する	古都保存法
良好な自然の環境を有する緑地を保全することが、首都及びその周辺の地域における現在及び将来の住民の健全な生活環境を確保するため、ひいては首都圏の秩序ある発展を図る	首都圏近郊緑地保全法第2条
都市の健全な発展と秩序ある整備を図り、もつて国土の均衡ある発展と公共の福祉の増進	新都市計画法第8,11条
農業の健全な発展を図るとともに、国土資源の合理的な利用	農業振興地域整備法第3条
生物の多様性の確保その他の自然環境の適正な保全を総合的に推進	自然環境保全法
良好な都市環境の形成	都市緑地法第3条
農林漁業との調整を図りつつ、良好な都市環境の形成	生産緑地法第3条
文化財を保存し、且つ、その活用を図り、もつて国民の文化的向上に資するとともに、世界文化の進歩に貢献する	文化財保護法第2条
	生物多様性条約第2条
	5次全国総合開発計画
	3次都市再生ﾌﾟﾛｼﾞｪｸﾄ
美しく風格のある国土の形成、潤いのある豊かな生活環境の創造及び個性的で活力ある地域社会の実現	景観法
同	景観法第55条
文化財を保存し、且つ、その活用を図り、もつて国民の文化的向上に資するとともに、世界文化の進歩に貢献する	文化財保護法第2条
個性豊かな地域社会の実現を図り、もって都市の健全な発展及び文化の向上	歴史まちづくり法第1条
豊かな生物の多様性を保全し、その恵沢を将来にわたって享受できる自然と共生する社会の実現を図り、あわせて地球環境の保全に寄与	生物多様性基本法2条
	国土形成計画（全国）
	国土形成計画（全国）

表1　現行法制度上における関係概念の定義

概念	定義
公園	法律上の定義なし
屋外広告物	常時又は一定の期間継続して屋外で公衆に表示されるものであつて、看板、立看板、はり紙及びはり札並びに広告塔、広告板、建物その他の工作物等に掲出され、又は表示されたもの並びにこれらに類するもの
史跡名勝天然記念物	貝づか、古墳、都城跡、城跡、旧宅その他の遺跡で我が国にとつて歴史上又は学術上価値の高いもの、庭園、橋梁、峡谷、海浜、山岳その他の名勝地で我が国にとつて芸術上又は観賞上価値の高いもの並びに動物（生息地、繁殖地及び渡来地を含む。）、植物（自生地を含む。）及び地質鉱物（特異な自然の現象の生じている土地を含む。）で我が国にとつて学術上価値の高いもの
保安林	水源のかん養、土砂の流出の防備、土砂の崩壊の防備、飛砂の防備、風害・水害・潮害・干害・雪害又は霧害の防備、なだれ又は落石の危険の防止、火災の防備、魚つき、航行の目標の保存、公衆の保健、名所又は旧跡の風致の保存の目的のために指定される森林
農地・採草放牧地	耕作の目的に供される土地
自然の風景地	法律上の定義なし
歴史的風土	わが国の歴史上意義を有する建造物、遺跡等が周囲の自然的環境と一体をなして古都における伝統と文化を具現し、及び形成している土地の状況
近郊緑地	近郊整備地帯内の緑地であつて、樹林地、水辺地若しくはその状況がこれらに類する土地が、単独で、若しくは一体となつて、又はこれらに隣接している土地が、これらと一体となつて、良好な自然の環境を形成し、かつ、相当規模の広さを有しているもの
風致、公園・緑地	法律上の定義なし
農用地	耕作の目的又は主として耕作若しくは養畜の業務のための採草又は家畜の放牧の目的に供される土地等
自然環境	法律上の定義なし
緑地	樹林地、草地、水辺地、岩石地若しくはその状況がこれらに類する土地が、単独で若しくは一体となつて、又はこれらに隣接している土地が、これらと一体となつて、良好な自然的環境を形成しているもの
生産緑地	市街化区域内農地等で、公害又は災害の防止、農林漁業と調和した都市環境の保全等良好な生活環境の確保に相当の効用があり、かつ、公共施設等の敷地の用に供する土地として適しているもの
伝統的建造物群	周囲の環境と一体をなして歴史的風致を形成している伝統的な建造物群で価値の高いもの
生物多様性	すべての生物 の間の変異性をいうものとし、種内の多様性、種間の多様性及び生態系の多様性を含む
生態系ネットワーク	地球規模、全国規模、地域規模等様々なレベルの生態系のまとまり等を考慮した上で、野生生物の生息・生育に適した空間の連続性、一体性を確保すること
都市環境インフラ	定義なし
景観	法律上の定義なし
景観農業振興地域	法律上の定義なし
文化的景観	人々の生活又は生業及び当該地域の風土により形成された景観地で我が国民の生活又は生業の理解のため欠くことのできないもの
歴史的風致	地域におけるその固有の歴史及び伝統を反映した人々の活動とその活動が行われる歴史上価値の高い建造物及びその周辺の市街地とが一体となって形成してきた良好な市街地の環境
生物多様性	様々な生態系が存在すること並びに生物の種間及び種内に様々な差異が存在すること
エコロジカルネットワーク	原生的な自然地域等の重要地域を核として、ラムサール条約等の国際的な視点や生態的なまとまりを考慮した上で、森林、農地、都市内緑地・水辺、河川、海までと、その中に分布する湿原・干潟・藻場・サンゴ礁等を有機的につなぐ生態系のネットワーク
ランドスケープ	人の営みや自然の営み、あるいはそれらの相互作用の結果を特質としており、かつ、人々がそのように認識する空間的な広がり

※順序は概念の成立の古い順

2.「美しい国づくり政策大綱」に基づく景観政策の展開

(1) 大綱の考え方

国土交通省は、平成15年7月に「美しい国づくり政策大綱」を取りまとめた※12。

この大綱は、当時の青山国土交通事務次官の強いイニシアチブの下で作成されたもので、その考え方は、大綱の前文に表されているように、従来の国土交通省が進めてきた行政に疑問を呈し、大きく方向転換を指向する内容となっている。

> **「美しい国づくり政策大綱」前文**
>
> 戦後、我が国はすばらしい経済発展を成し遂げ、今やEU、米国と並ぶ3極のうちの1つに数えられるに至った。戦後の荒廃した国土や焼け野原となった都市を思い起こすとき、まさに奇蹟である。
>
> 国土交通省及びその前身である運輸省、建設省、北海道開発庁、国土庁は、交通政策、社会資本整備、国土政策等を担当し、この経済発展の基盤づくりに邁進してきた。
>
> その結果、社会資本はある程度量的には充足されたが、我が国土は、国民一人一人にとって、本当に魅力あるものとなったのであろうか?。

都市には電線がはりめぐらされ、緑が少なく、家々はブロック塀で囲まれ、ビルの高さは不揃いであり、看板、標識が雑然と立ち並び、美しさとはほど遠い風景となっている。四季折々に美しい変化を見せる我が国の自然に較べて、都市や田園、海岸における人工景観は著しく見劣りがする。

美しさは心のあり様とも深く結びついている。私達は、社会資本の整備を目的でなく手段であることをはっきり認識していたか?、量的充足を追求するあまり、質の面でおろそかな部分がなかったか?、等々率直に自らを省みる必要がある。また、ごみの不法投棄、タバコの吸い殻の投げ捨て、放置自転車等の情景は社会的モラルの欠如の表れでもある。

もとより、この国土を美しいものとする努力が営々と行われてきているのも事実であるが、厚みと広がりを伴った努力とは言いがたい状況にある。

国土交通省は、この国を魅力ある国にするために、まず、自ら襟を正し、その上で官民挙げての取り組みのきっかけを作るよう努力すべきと認識するに至った。そして、この国土を国民一人一人の資産として、我が国の美しい自然との調和を図りつつ整備し、次の世代に引き継ぐという理念の下、行政の方向を美しい国づくりに向けて大きく舵を切ることとした。


大綱では、その考え方を受けた問題意識として、我が国は水と緑豊かな美しい自然景観・風景に恵まれ、その美しさは海外からも高く評価を得ていること、また、各地に残された地域の歴史や文化に根ざした街なみ、建造物等の保全や復元の取り組みが見られる一方で、まちづくりにおいて、経済性や効率性、機能性を重視したため美しさへの配慮を欠いた雑然とした景観、無個性・画一的な景観等が各地で見られること、また、公共的空間での国民のモラルを問われる事例が見られることを指摘している。さらに、これまでも良好な景観・風景を守り、つくり出すための様々な努力がなされてきた一方で、良好な景観形成に対する関心が一層高まる中、紛争の発生や地方公共団体による自主条例の制定や住民参加の進捗等様々な動きが見られることを指摘している。

この問題意識を受けた取り組みの基本的考え方として大綱では、まず取り組みの基本姿勢として、地域の個性重視、美しさの内部目的化、良好な景観を守るための先行的、明示的な措置、持続的な取り組み、市場機能の積極的な活用、良質なものを長く使う姿勢と環境整備といった点を掲げた。次に地域ごとの状況に応じて悪い景観や優れた景観へ取り組むという考え方を示し、さらに住民・NPO、国、地方公共団体、企業、専門家等各主体の役割と連携についての考え方と、人材育成、情報提供、技術開発など各主体の取り組みの前提となる条件整備を提示した。

(2) 大綱の施策展開

この基本的考え方に沿って、各主体による取り組みを深化させるため、実効性の確保を主眼に置き、大綱では次の15の具体的施策を展開することとしている。

① 事業における景観形成の原則化

景観形成に寄与する要素を事業実施の際にグレードアップ的に実施するのではなく、必要な技術開発や現場での試行を経て可能となったものは、原則として実施すべき要素とするための措置を講じる。例えば雨天時に下水中のごみ等が河川や海等へ流出しないよう貯留施設の整備等により合流式下水道の改善や、道路防護柵の景観への配慮を原則化する等である。

② 公共事業における景観アセスメント（景観評価）システムの確立

事業の実施主体が、必要に応じて構想段階、計画段階、設計段階など事業の実施前や事業完了後といった事業の各段階において、既存の制度に景観を評価の項目として織り込むことなどにより、事業実施により形成される景観に対し、多様な意見を聴取しつつ、評価を行い、事業案に反映する仕組みを確立する。

③ 分野ごとの景観形成ガイドラインの策定等

事業担当各職員が事業執行の各段階で活用するものとして、基本的視点や検討方法、手続きの考え方など地域を問わず全国的に適用すべき基本的事項、意匠・色彩の計画や施工方法など地域特性に応じて適用する参考的事項を明快にかつ可能な限り網羅的に整理したガイドラインを分野ごとに策定する。

④ 景観に関する基本法制の制定

良好な景観の保全・形成への取り組みを総合的かつ体系的に推進するため、基本法制の確立を目指すとともに、関連する諸制度の充実・強化を図る。

⑤緑地保全、緑化推進策の充実
都市公園の整備、都市空間の緑化、緑地の保全を一体的に推進するため、都市公園法、都市緑地保全法を統合するとともに、制度の充実を図る。
⑥水辺・海辺空間の保全・再生・創出
水辺・海辺空間の保全・再生・創出に向けて、関係事業の連携の下で総合的な取り組みを推進する。また、港湾において、良好な景観を保全・形成するため、港湾計画など法制度等の充実を図る。
⑦屋外広告物制度の充実等
屋外広告物について、良質で地域の景観に調和した屋外広告物の表示を図るため、良好な自然景観・田園景観の保全、屋外広告物制度の実効性の確保、市町村の役割の強化などの観点から、制度の充実を図る。
⑧電線類地中化の推進
まちなかの幹線道路に加え、非幹線道路や歴史的景観地区等においても電線類地中化の円滑かつ効率的な推進を図るため、関係行政機関及び関係事業者と調整を図りながら、平成16年度から始まる新たな「電線類地中化計画」を策定して、電線類地中化の一層の推進を図る。
⑨地域住民、NPOによる公共施設管理の制度的枠組みの検討
地域住民、NPOが公共施設の管理に実体的に参画し、景観の保全、改善を図るため、NPO等の

権能を高める観点等から制度的枠組みを検討する。

⑩ 多様な担い手の育成と参画推進

美しい国づくりの主体となる地域住民やＮＰＯ、行政機関職員、専門家等の意識や技術を高め、活動しやすさを確保できるよう、多面的な方策を講じる。

⑪ 市場機能の活用による良質な住宅等の整備促進

耐久性等の高い良質な物件が、不動産市場において適正に評価されるよう、総合的な取り組みを推進する。

⑫ 地域景観の点検促進

地方公共団体、ＮＰＯ、まちづくり団体等の市民グループが各地域において景観の点検を行う取り組みを促進し、点検の結果、指摘された景観阻害要因については関係する施設の管理者と地域住民等とのコンセンサスのもとでその改善に努めるとともに、保全すべき優れた景観資源は「保全すべき景観資源データベース」に登録するなど点検結果を活用する。

⑬ 保全すべき景観資源データベースの構築

地域景観の点検結果や国土交通省等で作成している各種の保全すべき景観リストなどをもとに全国の各地域における保全すべき優れた景観資源が登録されたデータベースを構築する。地方公共団体の土地利用計画策定、公共事業や民間開発事業の実施などにあたって参照するとともに、公共事業の景観評価システムの評価要素や観光資源情報として活用する。

⑭各主体の取り組みに資する情報の収集・蓄積と提供・公開

保全すべき景観資源データベースや景観専門家リスト、新工法等の技術情報、土地・地理情報、良好な景観形成事例など、景観に関する各種情報を収集・蓄積し、国土交通省ホームページにおけるポータルサイトの整備などにより、地方公共団体や住民等に広く提供・公開する。

⑮技術開発

社会資本ストックの劣化等診断技術、延命技術、転用技術などこれまで積み重ねてきた技術開発の成果を活かし、環境、財政制約を踏まえ、最も合理的に社会資本ストックを管理運営する技術、GIS（地理情報システム）を活用した三次元景観シミュレーションなど景観の対比・変遷を分析する技術、河川・湖沼における自然環境の復元技術や海域における総合的な環境改善技術など環境の保全・再生・創出のための技術の開発等を行う。

(3) 個別の景観施策の展開成果

次に、これらの施策が平成15年以降平成22年までどのように実施されてきたかについて述べる。平成23年度に行われた国土交通省政策レビューの結果※13では15の施策を10のグループに分けてその成果を評価しているが、ここでは紙面の都合上レビューの主な数点について紹介する。

① 事業における景観形成の原則化

雨天時における下水中のごみ等の河川や海等への流出防止並びに処理水質の向上のため、合流式下水道の有すべき構造や高度処理を平成16年4月に下水道法施行令で位置付けた。この取り組み等により、合流式下水道改善率が21％（平成18年時点）から36％（平成21年時点）に上昇。下水道の高度処理実施率については、25％（平成19年時点）から29％（平成21年時点）に上昇した。

道路防護柵については「景観に配慮した防護柵の整備ガイドライン」を決定し、道路管理者に参考配布（平成16年3月）。景観に配慮した道路防護柵については15地区で整備。木製防護柵（歩行者自転車用）については平成21年度までに全国62箇所で整備した。

また、都道府県・政令市・中核市では6割以上で、全国平均では約3割の自治体で、少なくとも一部の事業で景観への配慮が一般化したというアンケート結果が示され、事業における一般化の取り組みが着実に浸透していることが見て取れる。

② 公共事業における景観アセスメント（景観評価）システムの確立、③ 分野ごとの景観形成ガイドラインの策定等

景観アセスメントについては、国土交通省所管の公共事業については、事前評価や事後評価のみな

らず、施工段階、維持・管理段階における景観保全等も加えた取り組みを「景観検討」とし、その手順と体制を定めた「国土交通省所管公共事業における景観検討の基本方針（案）」を平成19年3月に策定、また、平成21年3月には「公共事業における景観整備に関する事後評価の手引き（案）」を策定、事業実施主体である各地方整備局に通知し、これにより景観アセスメント（景観評価）システムが確立されている。景観アセスメントによる景観検討は、試行段階でのものも含めて平成22年度末までに1188事業について景観検討区分を行い、重点検討事業170事業、一般検討事業777事業、検討対象外事業241事業となっている。重点検討事業と一般検討事業においては、事業毎に「景観整備方針」を策定し、これに基づき事業を進めることとなるが、景観整備方針は平成22年度末時点で647事業において策定済み、残る300事業で策定に向けた取り組みが進められている状況であり、着実に景観検討の取り組みが推進されている。

ガイドラインについては、平成16年度までに官庁営繕、都市、道路、住宅・建築物、港湾、航路標識の六つの分野において景観形成に係るガイドラインが策定されている。その後、平成18年度までに河川、砂防、海岸の三つの分野においても景観形成に係るガイドラインが策定され、これにより公共事業等の各分野を網羅したガイドライン整備が実現されている（表2）。

④景観に関する基本法制の制定、⑤緑地保全、緑化推進策の充実、⑦屋外広告物制度の充実等

この3点はいわゆる景観緑三法として、平成16年に景観法の創設、都市緑地法及び都市公園法の改

正、屋外広告物法の改正が同時に行われ、大きな政策展開を見せたものである。

景観法は、景観そのものを目的として定められた我が国初めての法律であり、第1章において景観に関する基本法的な部分として、良好な景観の形成に関する基本理念や国、地方公共団体、事業者及び住民の責務を明らかにしている。また、第2章以降に具体的な規制等に関する部分として、地方公共団体による景観計画の策定、景観計画区域、景観地区等における行為規制、景観重要建造物等、景観重要公共施設の整備、景観協定の締結、景観整備機構による良好な景観の形成に関する事業等の支援等について定めている。

都市緑地法及び都市公園法の改正においては、大綱に示されていた都市公園法と都市緑地保全法の統合について検討した結果、統合せずに都市緑地保全法を都市緑地法と改称し、地方公共団体が定める緑の基本計画において定める事項に地方公共団体の設置に係る都市公園の整備に関する方針を加えるという改

表2　分野別の景観形成ガイドライン一覧

分野	名称	策定年月
官庁営繕	官庁営繕事業における景観形成ガイドライン	平成16年5月
都市	景観形成ガイドライン「都市整備に関する事業」(案)	平成17年3月 平成23年6月改訂
河川	河川景観形成ガイドライン「河川景観の形成と保全の考え方」	平成18年10月
砂防	砂防関係事業における景観形成ガイドライン	平成19年2月
海岸	海岸景観形成ガイドライン	平成18年1月
道路	道路デザイン指針（案）	平成17年3月
住宅・建築物	住宅・建築物等整備事業に係る景観ガイドライン	平成17年3月
港湾	港湾景観形成ガイドライン	平成17年3月
航路標識	航路標識整備事業景観形成ガイドライン	平成16年3月

正がなされた。これにより、都市緑地法を都市の緑に関する上位法として、都市の緑の総合的・計画的な政策運営を推進することとした。具体的な制度としては、緑地保全地域制度、緑化地域制度、立体公園制度等の新たな制度が創設された。

また、屋外広告物法の改正においては、景観行政を行う市町村による屋外広告物に関する条例の策定、屋外広告物法の許可対象区域の全国拡大、規制の実効性の確保のための簡易除却制度の充実、屋外広告業の登録制の導入が行われた。

さらに、平成20年に文部科学省、農林水産省、国土交通省が共管の「地域における歴史的風致の維持及び向上に関する法律」(略称、歴史まちづくり法)を制定した。これは、国として重要な歴史的資産とその資産を活用した地域の活動を含む歴史的風致を保全・活用するため、地域の歴史的風致維持向上計画を国が認定し、様々な支援措置を講じようとするものである。

次に実績をみる。景観行政団体は年々増加しており、平成23年3月31日現在の景観行政団体は546団体、景観計画を策定している市町村は335団体である。市町村の意向によると、将来的に景観行政団体は647団体、景観計画を策定している市町村は538団体となる見込みである。景観法制定段階で景観条例を策定していた地方公共団体の数は約500であったことを考えると、相当の進展を見たということができる。具体的な事例については紙面の関係で省略する。前掲の政策レビューのホームページをご覧いただきたい。

都市緑地法関係では、緑地の保全に対する取り組みとして特別緑地保全地区の指定が進んでいる。平成15年度末で312地区、1721ヘクタールであった指定が、平成21年度末で398地区、2293ヘクタールに増加している。また、近郊緑地特別保全地区については平成15年度末で26地区、3341ヘクタールが、平成21年度末で27地区、3516ヘクタールに増加している。このように、特別緑地保全地区制度による緑地の保全が着実に進んでいる。敷地の緑化を義務付ける緑化地域制度は、平成22年度末時点で3市区で施行されており、この施行対象面積を合計すると6万ヘクタールを超える。

屋外広告物法では、屋外広告物条例は都道府県・政令市・中核市は107団体全てが制定しているが、新たに条例制定ができることとなった政令市・中核市以外の市町村である景観行政団体のうち41団体（10・4％）が制定している。また、今後124団体（31・5％）が制定予定があると回答している。

また、歴史まちづくり法に基づく歴史的風致維持向上計画は、法施行後わずか3年である平成24年3月までにすでに31自治体が認定を終え、それぞれの個性ある取り組みを進めているところである。

⑥ 水辺・海辺空間の保全・再生・創出

海岸においては、景観を阻害する既設の消波ブロックについても、撤去した消波ブロックを離岸堤に有効活用するなどの工夫が図られている。また、港湾においては、浚渫《しゅんせつ》土砂を活用して、美しい海辺空間を創出する干潟の再生を推進している。

下水道においては、公共用水域の水質保全だけでなく、湖沼や閉鎖性海域における富栄養化の防止などに資する下水処理場の高度処理化を推進している。また合流式下水道の改善を進めている。

⑧ 電線類地中化の推進

無電柱化は、昭和61年度から3期にわたる「電線類地中化計画」、平成11～15年度の「新電線類地中化計画」につづき、平成16～20年度を対象とする無電柱化の対象（道路や地域）、進め方（整備手法や推進体制）、費用負担などについて取りまとめた「無電柱化推進計画」を策定し、これに基づき、平成20年度末までに全国で約７７００キロメートルの整備を行ってきた。現在は平成16年度、平成21年度に策定した「無電柱化に係るガイドライン」に沿って、市街地の幹線道路や安全で快適な通行空間の確保、良好な景観・住環境の形成、災害の防止、情報通信ネットワークの信頼性の向上、歴史的街並みの保全、観光振興、地域文化の復興、地域活性化等に資する箇所において、地中化以外の手法も活用しつつ無電柱化を進めている。これにより、市街地等の幹線道路の無電柱化率は年々着実に向上し、平成15年度の９％から平成22年度には14％となった。

⑬保全すべき景観資源データベースの構築、⑭各主体の取り組みに資する情報の収集・蓄積と提供・公開

大綱の公表と同時に「国土交通省 景観ポータルサイト」を開設し、順次内容を拡充し、情報を提供・公開している。また、まちづくり分野に特化したものとして「景観まちづくりホームページ」を開設し、景観法の施行状況に加え、景観まちづくり教育のための指針、景観に関する各種調査報告書、屋外広告物に関連するガイドライン等を掲載している。さらに「公園とみどり」、「歴史まちづくりホームページ」を開設し、様々な情報を提供している。

⑷ 景観政策の現状に対する評価と課題

以上のように景観に対する取り組みは、平成15年以降大きく進んでいると見ることができる。一方で、掲げられた目標のうち地域住民やNPOの活動、担い手の育成、地域景観の点検促進等の対応は不十分である。これを反映して「美しい国づくり政策大綱」政策レビューの評価は、次のように取りまとめられている。ここではそれを紹介することで本稿の結びとしたい。

『「美しい国づくり政策大綱」によって本格的に始まった国土交通省の景観行政の取り組みにより、国土交通省における景観行政の基幹的枠組みの構築が行われ、成果の発現がみられる。

一方で、必ずしも特徴的な景観を有せず、関係者の合意や協力が比較的難しい地域においては、良

好な景観形成に資する地域資源の発見・共有方法など、景観形成にむけた取り組み方法に課題がある。

こうした地域における良好な景観形成の取り組みにあたっては、国民・民間企業等の多様な主体により主体的な取り組み等の関与が重要となる。

景観は、その善し悪しを画一的ものさしで図られるものではなく、規制だけでは望ましい景観の形成を図ることはできない。そのため、行政、民間企業、国民等の多様な主体が、その失い難い価値を守らなければならないという意識を共有し、基準の適否にとどまらない建設的な取り組みや積極的な理解・参加・協力を行うことが求められる。

景観については、10年前より国民意識も高まっており、継続した取り組みが効果的である。まずは、意欲のある地方公共団体・国民等が効率的かつ効果的に景観形成に取り組めるよう、先進的な取り組みや効果等の様々な情報を共有するとともに、顕彰等によりそれ以外の地方公共団体・国民等も含め、意欲を引き出し、その取り組みを支える人材の育成を図り、国民の意識啓発を図るなど、政策の反映の方向に示した取り組み等の着実な実現を図り、それらの継続的な取り組みによって、実績を積み重ねていくことが重要である。

その結果として、全ての地域において、行政、民間企業、国民等の関係する多様な主体が良好な景観形成に取り組む意義・価値があると認識し、景観配慮を当然のこととみなし、皆が当事者となって主体的に取り組み、創意工夫を活かして良好な景観形成を競い合うような好循環につながっていくことが望まれる。

国は、今後も地方公共団体・国民等がより円滑に景観形成に取り組むことができるよう、現行法令等の必要な改善を積み重ね、法制度等の充実を図るなど、政策の反映の方向に示した取り組み等の着実な実現を図ることが必要である。』

終わりに

平成23年3月11日、東日本大震災が起こった。震災からの復旧・復興は我々の最大の課題となっているが、復旧・復興の場面においても、美しい国づくり政策大綱に示された原則は、可能な限り活用していくべきであるという認識から、津波被災市街地復興手法検討調査[※14]の中で、市街地復興に向けた都市の空間計画・デザインのあり方、復興における歴史・文化資産の継承について示すとともに、東日本大震災からの復興に係る公園緑地整備に関する技術的指針等を発出した。これからの復興の局面において参考とされることを望むものである。

さて、私が建設省都市計画課に配属されたのは建設省に入って3年目の昭和56年のこと、当時はまだ珍しかった景観に関する調査に携わることになった。日笠端東京大学教授を委員長に、樋口忠彦山梨大学助教授他を委員とし、造園と建築の分野が協働し、都市景観の整備保全方策の検討を行うものだった。その当時はまだ時宜にかなわず、政策的なアウトプットに結びつけることはできなかったが、その後の都市景観に対する国および地方公共団体の様々な政策、そして景観法、歴史まちづくり法まで続く一連のムーブメントの嚆矢《こうし》の一つであったとみることができる。以来、様々な形で景観に関係する課題にかかわり、結果として、景観政策も緑地政策と並んでライフワーク的な課題となった。本稿を寄稿する機会に恵まれたことも、一つの巡り合わせではないかと感じている。「美し国づくり協会」の各位に感謝申し上げる次第である。

※1 井手久登「景観の概念と計画」都市計画83

※2 閣議決定（2008）「国土形成計画」p113

※3 国土形成計画に係わる検討委員会（2007）「生きた総合指標としてのランドスケープ—武内和彦 東京大学大学院農学生命科学研究科教授に聞く」ランドスケープ研究70（4）p292—297では、「ランドスケープ（landscape）は、地域における人間と自然の係わりの総合的表現であり、地域における人間と自然環境の相互作用、その視覚的な現れ、卓越した自然的・人為的環境、などを含むものである。このうち、とくに人間と自然環境の相互作用に注目したものが「風土」（英語ではclimateに近い）という概念であり、歴史的な人間・自然関係の産物としてみれば歴史的風土ということになる。また、視覚的な現れや審美的な側面に注目したものが「景観」「風景」（英語ではsceneryに近い）という概念であり、これは環境の外観の人間による認識と捉えられる。ランドスケープという用語は、風土、景観、風景を含む広範な概念で

あり、人間主義的な環境づくりを目指す人々によって、世界で共通に使われている。ここでは、このような観点から世界共通語としてランドスケープを用いる。」としている。

※4　「条約の第一条（Article 1）では、「ランドスケープとは、自然又は人間活動による作用、及びそれらの相互作用の結果として形作られ、人々に認識される地域、空間」と定義付けられている。」（Article 1 – Definitions For the purposes of the Convention : a "Landscape" means an area, as perceived by people, whose character is the result of the action and interaction of natural and/or human factors;)

※5　国土交通省（２００９）「首都圏広域地方計画」p41―42では、「具体的には、自然と共生できる河川や海岸の整備、親水護岸の整備や雨水・下水処理水等を活用した水辺の再生により、親水性のある水辺空間を保全・創出する。また、首都圏に広がる大規模緑地や各地に点在する里地里山、谷津田等の保全、自然公園の保全・整備、都市公園の整備、海の森等臨海部における緑地の創出、市街地におけるビル等の屋上や壁面等の緑化、街路樹の植樹、これらを通じたランドスケープの形成等を推進する。」と記述された。

※6　京都市、横浜市、神戸市などの大都市、萩市などの地方都市において、経済成長に伴う都市の膨張が進む昭和40年代後半から、景観に関する条例の制定の動きが出始めた。この動きはその後全国的に進み、景観法が制定された平成16年には、５００近くに及んでいた。

※7　「都市景観の整備保全方策の検討調査」（日笠端委員長・建設省都市局都市計画課）昭和57年3月

※8　同調査では、演出的価値として都市のアイデンティティを演出する機能、説明価値として、住宅地らしさ、方向のわかりやすさ等の機能、美的価値として都市の美観等を掲げている。

※9　都市計画の部門別マスタープランの一分野として、整備、開発又は保全の方針への位置付けを図ろうとしたものであるが、実際には、都市景観マスタープランは実現しなかった。
※10　「都市景観懇談会報告」建設省都市局において設置された懇談会による報告　芦原義信委員長　昭和61年5月
※11　舟引敏明「風致地区制度の問題点と今後の方策についての検討」1993年　都市計画論文集28
※12　平成15年7月　国土交通省HP（http://www.mlit.go.jp/keikan/taiko_text/taikou.html）
※13　平成24年3月　国土交通省HP（http://www.mlit.go.jp/common/000206263.pdf）
※14　「復興まちづくりに向けた取り組み」東日本大震災からの津波被災市街地復興手法検討調査のとりまとめについて
国土交通省HP（http://www.mlit.go.jp/report/fukkou-index.html#E）

編集後記

特定非営利活動法人美し《うま》国づくり協会は「景観・緑三法」が制定・公布された2004年に設立されました。この間、河川環境管理財団の助成を受けた連続公開シンポジウム『美し国づくり――川と人』を川崎、山形、京都、浜松、東京・墨田区で開催、また、2011年は熊本県玉名市で地域の活動団体とシンポジウムを共催し、広く景観・風景・風土についての理解促進を図ってきました(『美し国づくり協会』ホームページにシンポジウム概要掲載)。一方、会員間の情報交換、外部識者を招いた研究会を開催するとともに、日刊建設通信新聞社との共著『私の美し国づくり――地域から』を発刊するなどの活動を展開してきました。

本書『美し国への景観読本――みんなちがって、みんないい』は、「景観・緑三法」制定の前提となった2003年国土交通省作成「美しい国づくり政策大綱」のレビューが2012年春実施され、一定の前進が見られること、そして東日本大震災の復旧・復興が本格化しつつあることを受けて、改めて〝景観〟の意義を多様な視点から提言し、地域づくり、まちづくりに携わる行政担当者、市民など関係者各位の参考になればと企画したものです。

本書編纂にあたっては、執筆者各位はもとより、多くの関係者のご協力・ご支援をいただきました。特に、浜松シンポジウムの基調講演者・山本和子様(国際ソロプチミストアメリカ日本中央リジョン元ガバナー、内科医)には多大なご支援をいただきました。ここに改めて感謝の意を表します。

2012年6月

特定非営利活動法人美し国づくり協会事務長　西山　英勝

美《うま》し国《くに》への景観読本《けいかんとくほん》
みんなちがって、みんないい

発行日	2012年6月20日　初版第1刷 2018年5月31日　初版第2刷
編　著	特定非営利活動法人　美《うま》し国《くに》づくり協会
発行者	和田　恵
発行所	株式会社日刊建設通信新聞社 〒101－0054 東京都千代田区神田錦町3－13－7　名古路ビル本館 TEL: 03（3259）8719 FAX: 03（3233）1968 http://www.kensetsunews.com
ブックデザイン	コウ・タダシ（mojigumi）
印刷・製本	株式会社シナノパブリッシングプレス

ISBN978-4-902611-44-1 C0030 ¥1200E